工业机器人技术专业"十三五"规划教材

工业机器人应用人才培养指定用书

工业机器人与视觉技术应用初级教程

◆ 主　编　张明文　何定阳

◆ 副主编　罗　贤　曾　光　霰学会　顾三鸿
娜木汗　李　闻　喻　杰

http://www.irobot-edu.com

教学视频·电子教案·技术交流论坛

哈尔滨工业大学出版社
HARBIN INSTITUTE OF TECHNOLOGY PRESS

内 容 简 介

工业机器人与视觉技术是当代智能制造、自动控制等领域中重要的研究内容之一，本书涵盖了并联机器人技术基础、离线仿真技术基础、机器视觉技术基础等内容；基于具体案例，将理论知识与实际应用相结合，介绍了机器人激光雕刻、搬运码垛、视觉引导抓取等在实际工业生产中的应用。全书共 6 个项目，包括基于示教编程的激光轨迹项目、基于示教编程的码垛搬运项目、基于离线编程的激光轨迹项目、基于离线编程的码垛搬运项目、基于 VisionPro 的视觉定位项目、基于机器人的视觉分拣项目，各项目分解为若干个任务，有助于读者循序渐进、由浅入深地学习并联机器人与视觉技术。

本书图文并茂，通俗易懂，具有很强的实用性和可操作性，既可作为高等院校和中高职院校工业机器人与视觉相关专业的教材，又可作为工业机器人与视觉培训机构用书，同时可供相关行业的技术人员参考。

图书在版编目（CIP）数据

工业机器人与视觉技术应用初级教程 / 张明文，何定阳主编. —哈尔滨：哈尔滨工业大学出版社，2021.6
ISBN 978-7-5603-9575-3

Ⅰ. ①工… Ⅱ. ①张… ②何… Ⅲ. ①工业机器人-机器人视觉-教材 Ⅳ. ①TP242.2

中国版本图书馆 CIP 数据核字（2021）第 132283 号

策划编辑　王桂芝　张　荣
责任编辑　陈雪巍　刘　威
出版发行　哈尔滨工业大学出版社
社　　址　哈尔滨市南岗区复华四道街 10 号　邮编 150006
传　　真　0451-86414749
网　　址　http://hitpress.hit.edu.cn
印　　刷　哈尔滨市石桥印务有限公司
开　　本　787 mm×1 092 mm　1/16　印张 19.5　字数 462 千字
版　　次　2021 年 6 月第 1 版　2021 年 6 月第 1 次印刷
书　　号　ISBN 978-7-5603-9575-3
定　　价　58.00 元

工业机器人技术专业"十三五"规划教材

工业机器人应用人才培养指定用书

编 审 委 员 会

序 一

现阶段，我国制造业面临资源短缺、劳动成本上升、人口红利减少等压力，而工业机器人的应用与推广将极大地提高生产效率和产品质量，降低生产成本和资源消耗，有效地提高我国工业制造竞争力。我国《机器人产业发展规划（2016—2020）》强调，机器人是先进制造业的关键支撑装备和未来生活方式的重要切入点。广泛采用工业机器人，对促进我国先进制造业的崛起，有着十分重要的意义。"机器换人，人用机器"的新型制造方式有效推进了工业转型升级。

工业机器人作为集众多先进技术于一体的现代制造业装备，自诞生至今已经取得了长足进步。当前，新科技革命和产业变革正在兴起，全球工业竞争格局面临重塑，世界各国紧抓历史机遇，纷纷出台了一系列国家战略：美国的"再工业化"战略、德国的"工业4.0"计划、欧盟的"2020增长战略"，以及我国推出的"中国制造2025"战略。这些国家都以先进制造业为重点战略，并将机器人作为智能制造的核心发展方向。伴随机器人技术的快速发展，工业机器人已成为柔性制造系统（FMS）、自动化工厂（FA）、计算机集成制造系统（CIMS）等先进制造业的关键支撑装备。

随着工业化和信息化的快速推进，我国工业机器人市场已进入高速发展时期。国际机器人联合会（IFR）统计显示，截至2016年，我国已成为全球最大的工业机器人市场。未来几年，我国工业机器人市场仍将保持高速的增长态势。然而，现阶段我国机器人技术人才匮乏，与巨大的市场需求严重不协调。《中国制造2025》强调要健全、完善中国制造业人才培养体系，为推动中国制造业从大国向强国转变提供人才保障。从国家战略层面而言，推进智能制造的产业化发展，工业机器人技术人才的培养极其重要。

目前，结合《中国制造2025》的全面实施和国家职业教育改革，许多应用型本科、职业院校和技工院校纷纷开设工业机器人相关专业，但作为一门专业知识面很广的实用型学科，普遍存在师资力量缺乏、配套教材资源不完善、工业机器人实训装备不系统、技能考核体系不完善等问题，导致无法培养出企业需要的专业机器人技术人才，严重制约了我国机器人技术的推广和智能制造业的发展。江苏哈工海渡教育科技集团有限公司依托哈尔滨工业大学在机器人方向的研究实力，顺应形势需要，产、学、研、用相结合，组织企业专家和一线科研人员开展了一系列企业调研，面向企业需求，联合高校教师共同编写了"工业机器人技术专业'十三五'规划教材"系列图书。

该系列图书具有以下特点：

（1）循序渐进，系统性强。该系列图书从工业机器人的入门实用、技术基础、实训指导，到工业机器人的编程与高级应用，由浅入深，有助于系统学习工业机器人技术。

（2）配套资源，丰富多样。该系列图书配有相应的电子课件、视频等教学资源，以及配套的工业机器人教学装备，构建了立体化的工业机器人教学体系。

（3）通俗易懂，实用性强。该系列图书言简意赅，图文并茂，既可用于应用型本科、职业院校和技工院校的工业机器人应用型人才培养，也可供从事工业机器人操作、编程、运行、维护与管理等工作的技术人员参考学习。

（4）覆盖面广，应用广泛。该系列图书介绍了国内外主流品牌机器人的编程、应用等相关内容，顺应国内机器人产业人才发展需要，符合制造业人才发展规划。

"工业机器人技术专业'十三五'规划教材"系列图书结合实际应用，教、学、用有机结合，有助于读者系统学习工业机器人技术和强化、提高实践能力。本系列图书的出版发行，必将提高我国工业机器人专业的教学效果，全面促进"中国制造2025"国家战略下我国工业机器人技术人才的培养和发展，大力推进我国智能制造产业变革。

中国工程院院士　蔡鹤皋

2017 年 6 月于哈尔滨工业大学

序 二

自出现至今短短几十年中，机器人技术的发展取得长足进步，伴随产业变革的兴起和全球工业竞争格局的全面重塑，机器人产业发展越来越受到世界各国的高度关注，主要经济体纷纷将发展机器人产业上升为国家战略，提出"以先进制造业为重点战略，以'机器人'为核心发展方向"，并将此作为保持和重获制造业竞争优势的重要手段。

作为人类在利用机械进行社会生产史上的一个重要里程碑，工业机器人是目前技术发展最成熟且应用最广泛的一类机器人。工业机器人现已广泛应用于汽车及零部件制造，电子、机械加工，模具生产等行业以实现自动化生产线，并参与焊接、装配、搬运、打磨、抛光、注塑等生产制造过程。工业机器人的应用，既保证了产品质量，提高了生产效率，又避免了大量工伤事故，有效推动了企业和社会生产力发展。作为先进制造业的关键支撑装备，工业机器人影响着人类生活和经济发展的方方面面，已成为衡量一个国家科技创新和高端制造业水平的重要标志。

伴随着工业大国相继提出机器人产业政策，如德国的"工业4.0"、美国的"先进制造伙伴计划"与我国的"中国制造2025"等国家政策，工业机器人产业迎来了快速发展态势。当前，随着劳动力成本上涨、人口红利逐渐消失，生产方式向柔性、智能、精细转变，中国制造业转型升级迫在眉睫。全球新一轮科技革命和产业变革与中国制造业转型升级形成历史性交汇，中国已经成为全球最大的机器人市场。大力发展工业机器人产业，对于打造我国制造业新优势、推动工业转型升级、加快制造强国建设、改善人民生活水平具有深远意义。

我国工业机器人产业迎来爆发性的发展机遇，然而，现阶段我国工业机器人领域人才储备数量严重不足，对企业而言，从工业机器人的基础操作维护人员到高端技术人才普遍存在巨大缺口，缺乏经过系统培训、能熟练安全应用工业机器人的专业人才。现代工业是立国的基础，需要有与时俱进的职业教育和人才培养配套资源。

"工业机器人技术专业'十三五'规划教材"系列图书由江苏哈工海渡教育科技集团有限公司联合众多高校和企业共同编写完成。该系列图书依托于哈尔滨工业大学的先进机器人研究技术，综合企业实际用人需求，充分贯彻了现代应用型人才培养"淡化理论，技能培养，重在运用"的指导思想。该系列图书既可作为应用型本科、中高职院校工业机器人技术或机器人工程专业的教材，也可作为机电一体化、自动化专业开设工业机器人相关课程的教学用书；系列图书涵盖了国际主流品牌和国内主要品牌机器人的入门实用、实训指导、技术基础、高级编程等系列教材，注重循序渐进与系统学习，强化学生的工业机器人专业技术能力和实践操作能力。

　　该系列教材"立足工业，面向教育"，填补了我国在工业机器人基础应用及高级应用系列教材中的空白，有助于推进我国工业机器人技术人才的培养和发展，助力中国智造。

中国科学院院士　韩杰才

2017 年 6 月

前　言

工业机器人与视觉技术是当代智能制造、自动控制等领域中重要的研究内容之一，其提高了生产的自动化程度，使在不适合人工作业的危险环境中工作变成了可能，让大批量、持续生产变成了现实，大大提高了生产效率和产品精度，被广泛应用在电子产品制造、汽车、消费品、物流、医药等行业。

本书系统地介绍了工业机器人与视觉技术，主要分为两大部分：基础理论和项目应用。第 1 部分为基础理论，由绪论、并联机器人技术基础、并联机器人编程基础和离线编程与虚拟仿真技术基础组成；第 2 部分为项目应用，由基于示教编程的激光轨迹项目、基于示教编程的码垛搬运项目、基于离线编程的激光轨迹项目、基于离线编程的码垛搬运项目、基于 VisionPro 的视觉定位项目和基于机器人的视觉分拣项目组成。本书以工业机器人与视觉技术为主线，遵循"由简入繁，循序渐进"的编写原则，依据初学者的学习需要合理设置各个知识点。机器人视觉技术具有知识面广、实操性强等显著特点。在学习过程中，建议结合本书配套的教学辅助资源，如教学课件及视频素材、教学参考与拓展资料等。

本书基于江苏哈工海渡教育科技集团有限公司的工业机器人视觉分拣工作站，结合工业相机与 ABB 工业机器人，系统介绍了工业机器人视觉系统的典型应用、视觉软件组态编程、通信参数配置、编程调试等，将理论与实践结合。本书有助于读者系统地了解工业机器人视觉技术及应用基础知识，注重强化实操练习。

由于编者水平有限，书中难免存在不足，敬请读者批评指正。任何意见和建议可反馈至 E-mail:edubot_zhang@126.com。

编　者

2021 年 1 月

目　　录

第1部分　基　础　理　论

第 2 部分　项目应用

第1部分 基础理论

第1章

绪 论

机器人是先进制造业的重要支撑装备，也是未来智能制造的关键切入点，工业机器人作为机器人家族中的重要一员，是目前技术最成熟、应用最广泛的一类机器人。工业机器人的研发和产业化应用是衡量科技创新和高端制造发展水平的重要标志。在汽车制造、电子电器、工程机械等众多行业大量使用工业机器人自动化生产线，在保证产品质量的同时，改善了工作环境，提高了生产效率，有力地推动了企业和社会生产力的发展。随着社会工业化发展，工业机器人与机器视觉结合的应用领域也越来越多。

1.1 工业机器人概述

工业机器人是典型的机电一体化装置，它涉及机械、电气、控制、检测、通信和计算机等方面的知识。以互联网、新材料和新能源为基础，"数字化智能制造"为核心的新一轮工业革命即将到来，而工业机器人则是"数字化智能制造"的重要载体。

1.1.1 工业机器人定义

※ 工业机器人概述

虽然工业机器人是技术上最成熟、应用最广泛的一类机器人，但对其具体的定义，科学界尚未统一。目前公认的是国际标准化组织（ISO）的定义。

国际标准化组织（ISO）的定义为：工业机器人是一种能自动控制，可重复编程，多功能，多自由度的操作机，能够搬运材料、工件或者操持工具来完成各种作业。

工业机器人最显著的特点如下。

➢ **拟人化** 在机械结构上类似于人的手臂或其他组织结构。

➢ **通用性** 可执行不同的作业任务，动作程序可按需求改变。

➢ **独立性** 完整的机器人系统在工作中可以不依赖于人的干预。

➢ **智能性**　具有不同程度的智能功能，如感知系统、记忆存储系统等，可提高工业机器人对周围环境的自适应能力。

1.1.2　工业机器人构型

按照结构和运动形式的不同，工业机器人构型主要分为 5 种：直角坐标机器人、柱面坐标机器人、球面坐标机器人、多关节型机器人和并联机器人。

1. 直角坐标机器人

直角坐标机器人在空间上具有多个相互垂直的移动轴，常用的是 3 个轴，即 X、Y、Z 轴，如图 1.1 所示，其末端的空间位置通过沿 X、Y、Z 轴来回移动来形成，作业空间呈长方体。

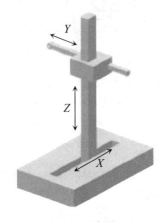

（a）示意图　　　　　　　　　　　（b）哈工海渡直角坐标机器人

图 1.1　直角坐标机器人

2. 柱面坐标机器人

柱面坐标机器人的运动空间位置是由基座回转、水平移动和竖直移动形成的，其作业空间呈圆柱体，如图 1.2 所示。

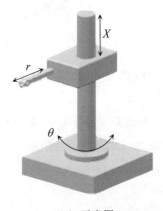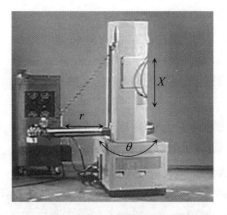

（a）示意图　　　　　　　　　　（b）Versatran 柱面坐标机器人

图 1.2　柱面坐标机器人

3. 球面坐标机器人

球面坐标机器人的空间位置机构主要由回转基座、摆动轴和平移轴构成，具有 2 个转动和 1 个移动自由度，其作业空间是球面的一部分，如图 1.3 所示。

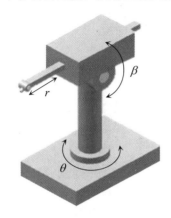 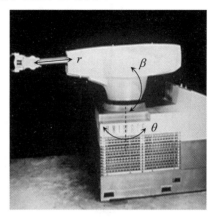

（a）示意图　　　　　　　　　（b）Unimate 球面坐标机器人

图 1.3　球面坐标机器人

4. 多关节型机器人

多关节型机器人由多个回转和摆动（或移动）机构组成，按旋转方向可分为水平多关节机器人和垂直多关节机器人。

水平多关节机器人由多个竖直回转机构构成，没有摆动或平移，手臂都在水平面内转动，其作业空间为圆柱体，如图 1.4 所示。

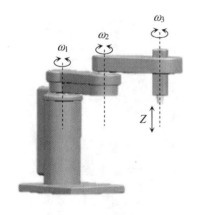 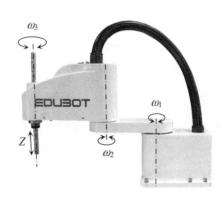

（a）示意图　　　　　　　　　（b）哈工海渡水平多关节机器人

图 1.4　水平多关节机器人

垂直多关节机器人由多个摆动和回转机构组成，其作业空间近似一个球体，如图 1.5 所示。

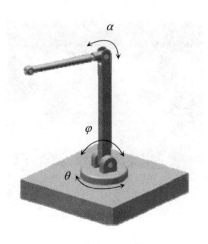 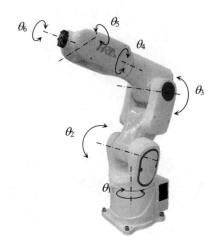

（a）示意图　　　　　　　　　　　（b）哈工海渡 HR3 六轴机器人

图 1.5　垂直多关节机器人

5. 并联机器人

并联机器人的基座和末端执行器之间通过至少 2 个独立的运动链相连接，机构具有 2 个或 2 个以上自由度，是以并联方式驱动的一种闭环机构。工业应用最广泛的并联机器人是 DELTA 并联机器人，如图 1.6 所示。

相对于并联机器人而言，只有 1 条运动链的机器人称为串联机器人。

 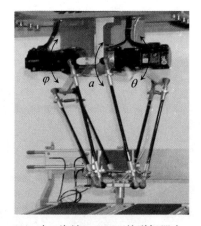

（a）示意图　　　　　　　　　　　（b）哈工海渡 DELTA 并联机器人

图 1.6　DELTA 并联机器人

1.1.3　工业机器人应用

工业机器人可以替代人类从事危险、有害、有毒、低温和高热等恶劣环境中的工作；还可以替代人类完成繁重、单调的重复劳动，提高劳动生产率，保证产品质量。工业机器人主要用于汽车、3C 产品、医疗、食品、通用机械制造、金属加工、船舶等领域，用以完成搬运、焊接、喷涂、装配、码垛、涂胶和打磨等复杂作业。工业机器人与数控加工中心、自动引导车以及自动检测系统可组成柔性制造系统（FMS）和计算机集成制造系统（CIMS），实现生产自动化。

1. 搬运

搬运作业是指用一种设备握持工件，从一个加工位置移动到另一个加工位置。

搬运机器人可安装不同的末端执行器（如机械手爪、真空吸盘等）以完成各种不同形状和状态的工件搬运，大大减轻了人类繁重的体力劳动。通过编程控制，配合各个工序的不同设备实现流水线作业。

搬运机器人广泛应用于机床上下料、自动装配流水线、码垛搬运、集装箱等自动搬运，如图 1.7 所示。

2. 焊接

目前工业应用领域机器人用量最大的是机器人焊接，如工程机械、汽车制造、电力建设等，焊接机器人能在恶劣的环境下连续工作并能提供稳定的焊接质量，提高工作效率，减轻工人的劳动强度。采用机器人焊接是焊接自动化的革命性进步，突破了自动焊接专机的传统方式，焊接机器人如图 1.8 所示。

图 1.7　搬运机器人　　　　　　　　　　　　图 1.8　焊接机器人

3. 喷涂

喷涂机器人适用于生产量大、产品型号多、表面形状不规则的工件外表面涂装，广泛应用于汽车、汽车零配件、铁路、家电、建材和机械等行业，如图 1.9 所示。

4. 装配

装配是一个比较复杂的作业过程，不仅要检测装配过程中的误差，而且要试图纠正这种误差。装配机器人是柔性自动化系统的核心设备，末端执行器种类多，可适应不同的装配对象；传感系统用于获取装配机器人与环境和装配对象之间相互作用的信息。装配机器人主要应用于各种 3C 电子产品的制造及流水线产品的组装作业，具有高效、精确、持续工作的特点，如图 1.10 所示。

图 1.9　喷涂机器人

图 1.10　装配机器人

5. 码垛

码垛机器人是机电一体化高新技术产品，如图 1.11 所示，它可满足中低产量的生产需要，也可按照要求的编组方式和层数，完成对料袋、箱体等各种产品的码垛。

使用码垛机器人能提高企业的生产效率和产量，同时减少人工搬运造成的错误；还可以全天候作业，节约大量人力资源成本。码垛机器人广泛应用于化工、饮料、食品、啤酒、塑料等生产企业。

6. 涂胶

涂胶机器人一般由机器人本体和专用涂胶设备组成，如图 1.12 所示。它既能独立实现半自动涂胶，又能配合专用生产线实现全自动涂胶，具有设备柔性高、做工精细、质量好、适用能力强等特点，可以完成复杂的三维立体空间的涂胶工作。

图 1.11　码垛机器人

图 1.12　涂胶机器人

7. 打磨

打磨机器人是指可进行自动打磨的工业机器人，主要用于工件的表面打磨、棱角去毛刺、焊缝打磨、内腔内孔去毛刺、孔口螺纹加工等工作，如图 1.13 所示。

打磨机器人广泛应用于 3C、卫浴五金、IT 设备、汽车零部件、工业零件、医疗器械、木材建材家具制造、民用产品等行业。

图 1.13　打磨机器人

1.2　DELTA 并联机器人

1.2.1　并联机器人定义及特点

一种称为 DELTA 的典型空间三自由度运动的并联机构于 1985 年被设计出来，如图 1.14 所示，其静平台和运动平台都是呈三角形状，后来大多数的空间并联机构都是从 DELTA 机构衍生而来。

※ DELTA 并联机器人

并联机器人是以并联方式驱动的一种闭环机构机器人，其基座和末端执行器之间通过至少两个独立的运动链相连接，机构具有两个或两个以上自由度。目前，工业领域中应用最广泛的并联机器人是 ABB DELTA 并联机器人，如图 1.15 所示。

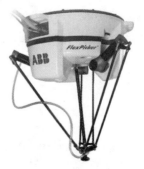

图 1.14　DELTA 并联机构　　　　　图 1.15　ABB DELTA 并联机器人

相对于串联机器人来说，并联机器人具有以下特点。

（1）并联机器人的动平台上一般同时由 6（或 3）根驱动杆支撑，不同于串联机器人的悬臂梁结构，因此其刚度较大、负载能力较强，且结构比较稳定。

（2）与串联机器人相比，并联机器人不存在累积误差和误差放大，并联机构各杆件的误差构成平均值，其运动精度比较高。

（3）串联机器人的机械臂一般装有驱动系统和传动装置，这加大了机器人的运动惯性，影响其动力性能；而并联机器人一般是将驱动系统安置于基座上，大大减轻运动负荷，且并联机构部件质量较轻，响应和运动速度都较快，系统的动力性能较好。

（4）在运动学分析上，串联机器人的正解通常较为容易，逆解较复杂，而并联机器人正解一般困难，但逆解相对简单，因此并联机器人的实时控制性能更好。

（5）与串联机器人相比，受输入空间、动平台和静平台的结构及其杆件在空间的相互干涉、奇异位置等因素影响，通常并联机器人的动作范围较小。

综上所述，在结构形式和功能特点方面，并联机器人和串联机器人是相互补充的，属于一种"对偶"关系。两种机器人在实际应用中也是互补的，而非替代的关系，各自都有其适用的场合。并联机器人的出现表示了机器人应用范围的进一步扩大。

1.2.2　DELTA 并联机器人结构

从技术特点角度分析，针对动平台的运动范围，目前应用于实际生产中的 DELTA 并联机器人主要有 3 种结构形式。

（1）二自由度 DELTA 并联机器人。

二自由度 DELTA 并联机器人的结构如图 1.16 所示，其负载能力较大，但由于其末端动平台只能在二维平面内运动，在实际应用过程中往往需要配套其他的自动化设备，所以其应用受到很大的限制。

（2）三自由度 DELTA 并联机器人。

三自由度 DELTA 并联机器人是目前应用非常广泛的 DELTA 并联机器人，其结构如图 1.17 所示，动平台可以实现空间 X、Y、Z 轴 3 个方向的运动，结构形式更具柔性化，在实际应用中也更加简单；并且能够实现较大的加速度，运行速度也特别快，但其承载能力远不及二自由度 DELTA 并联机器人。

图 1.16 二自由度 DELTA 并联机器人

图 1.17 三自由度 DELTA 并联机器人

由于三自由度 DELTA 机器人具有柔性及高速的特点，国外大多数厂家只研发三自由度 DELTA 并联机器人。虽然各家公司研发的机器人特点不相同，但总体而言，三自由度 DELTA 并联机器人可分为三轴驱动形式和四轴驱动形式。

➢ **三轴驱动形式**

三轴驱动形式的三自由度 DELTA 机器人的特点是 3 个主动臂通过 3 个从动臂驱动末端动平台运动，中间设计有 1 根旋转轴，通过联轴节驱动平台上的法兰实现不满圈任意角度旋转，以此实现机器人在抓取物料后先将物料旋转一定角度后再放置到位，但这种 DELTA 并联机器人的运动速度没有四轴驱动形式的三自由度 DELTA 并联机器人快。这个结构的典型产品为 ABB 公司研发的 ABB IRB 360 机器人，如图 1.18 所示。

➢ **四轴驱动形式**

四轴驱动形式的三自由度 DELTA 并联机器人结构可参见图 1.19 所示的 Adept Quattro 机器人，其特点是 4 个主动臂通过 4 个从动臂驱动末端动平台运动，这种机器人中间没有安装旋转轴，在动平台上设有一套同步带传动装置，来达到旋转目的。但这套同步带传动装置使得末端旋转法兰处于偏心状态，大大降低了机器人的负载能力。

（3）多自由度 DELTA 并联机器人。

多自由度 DELTA 并联机器人以三轴驱动形式的 DELTA 并联机器人为原型，并在动平台上加装更为复杂的齿轮传动机构，使机器人末端执行器具有更多的自由度，可实现 4～6 轴的控制，如 FANUC 公司设计的 DELTA 并联机器人——FANUC M-3iA/6A 机器人，如图 1.20 所示。其机器人末端执行器不但可以旋转，还可以任意角度扬起。当然，在机器人终端加装复杂机构将使机器人的负载能力下降，所以这种机器人在完成复杂动作的同时只能用于质量更轻的物料抓取。

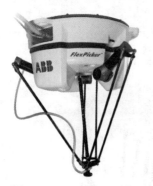

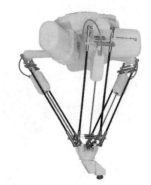

图1.18 ABB IRB 360机器人   图1.19 Adept Quattro机器人   图1.20 FANUC M−3*i*A/6A机器人

1.2.3 DELTA并联机器人应用

DELTA并联机器人的驱动机构布置在机架上，且可将从动臂做成轻杆，这样极大地提高了系统的动力性能，因此可获得很高的速度和加速度，特别适于对物料的高速搬运操作；由于DELTA并联机器人采用闭环机构，其末端件上的动平台同时由3根驱动杆支撑，与串联机器人的悬臂梁相比，其承载能力高、刚度大，而且结构稳定。DELTA并联机器人属于高速、轻载类型的机器人，广泛应用于电子、轻工、食品与医药等行业，在产品自动生产线上，DELTA并联机器人可对产品进行分拣，并实现高速包装、分拣、拾取、搬运、组装等。

1. 包装应用

对于食品、饮料等行业中多品种、多规格的包装箱或收缩膜包，DELTA并联机器人在包装时则更显示出其强大的灵活性。DELTA并联机器人能根据产品的规格、摆放方式、托盘规格等条件生成对应的包装程序，在生产过程中只需选择对应的动作程序或者接收上位机的指示即可完成不同产品的自动包装。

机器人抓手可采用真空吸盘式、夹板式、手指抽拉式等结构形式，确保各种纸箱或收缩膜包的快速抓取和移动，如图1.21所示。

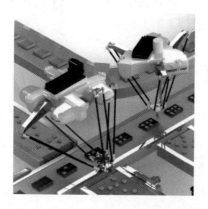
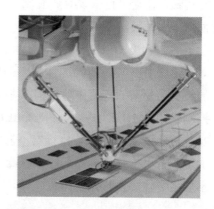

图1.21 DELTA并联机器人包装应用

2. 分拣应用

DELTA 并联机器人配备工业视觉和各类型的末端执行器，可自动识别、定位输送带上快速移动的各种工件，实现机器人高速、精准的动态跟随输送链，完成连续分拣作业。

DELTA 并联机器人的分拣效率极高，可以在筛选饼干、巧克力糖和药片时自动去掉不适合的产品，也可根据产品的不同形状和颜色进行分类和分拣，如图 1.22 所示。生产不同批次、类型的产品时，只需调用相应程序和更换机器人末端执行器这样简单的操作即可。因此，DELTA 并联机器人在分类和比较应用时有较好的适应性。

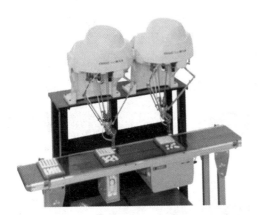
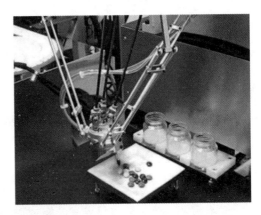

图 1.22　DELTA 并联机器人分拣应用

3. 拾取、搬运应用

DELTA 机器人可进行三维空间内高精度拾取、搬运作业。通过加装第四轴转动自由度，实现物料的摆放动作，拥有速度快、精度佳、可靠性高、易用性强、维护成本低等优势，广泛应用于食品、药品及电子产品等小部件的拾取和搬运。DELTA 并联机器人在速度方面具有根本优势，与视觉系统一起用于高速拾取可确定产品位置，并迅速进行搬运，如图 1.23 所示。

图 1.23　DELTA 并联机器人用于拾取、搬运

4. 组装应用

DELTA 并联机器人结构简单、稳定性高，能够高速度、高精度地完成各种类型的小产品拾取和放置作业，可用于某些电子消费品等需要将烦琐的小零件快速、高精度装配的场合。DELTA 并联机器人运用视觉系统和传感器识别和定位产品，基于自身的高重复定位精度进行组装，如图 1.24 所示。

图 1.24　DELTA 并联机器人组装应用

1.3　机器视觉技术

随着柔性化生产模式的发展，以及复杂环境、工件不确定性误差、作业对象的复杂性等因素，对机器人智能作业能力的要求越来越高，这也是新一代工业机器人应用的发展趋势。

❋　机器视觉技术

工业机器人作为一种自动化作业单元，其智能化程度不仅取决于自身的控制性能，也与外部传感设备及其交互能力有关。高级工业机器人是具有力、触觉、距离和视觉反馈的机器人，能够在一般工业场合的非结构化环境中自主操作。

目前，基于视觉技术的工业机器人应用越来越广泛。机器人视觉系统能够有效地胜任作业环境发生变化的工作，譬如作业对象发生了偏移或者变形导致位置发生改变，或者其再现轨迹上出现障碍物等情况。

1.3.1　机器视觉定义及特点

1. 定义

美国制造工程师协会（SME）机器视觉分会和美国机器人工业协会（RIA）自动化视觉分会关于机器视觉定义如下：机器视觉（Machine Vision，MV）是通过光学装置和非接触式的传感器自动地接收和处理一幅真实物体的图像，以获得所需信息或用于控制机器运动的装置。机器视觉是一个系统的概念，它综合了光学、机械、电子、计算机软硬件等方面的技术，涉及计算机、图像处理、模式识别、人工智能、信号处理、光电、机电一体化等多个领域。通俗地讲，机器视觉就是为机器安装上一双"慧眼"，让机器具有像人一样的视觉功能，从而实现引导、检测、测量和识别等功能。

2. 特点

随着科学技术的快速发展，工业生产自动化程度不断提高，市场对产品的质量和设备的性能等要求也越来越高，使得产品或者设备获得与处理的信息量不断增加，提取信息的速度和精度不断提高。在很多情况下，人类视觉在生产速度和精度等方面愈发不能满足要求。机器视觉系统与人类视觉系统的对比见表 1.1。

表 1.1 机器视觉系统与人类视觉系统的对比

性能特征	机器视觉系统	人类视觉系统
适应性	差：容易受复杂背景及环境变化的影响	强：可在复杂多变的环境中识别目标
智能性	差：不能很好地识别变化的目标	强：可识别变化的目标，并能总结规律
灰度分辨力	强：一般为 256 个灰度级	差：一般只能分辨 64 个灰度级
空间分辨力	强：可以观测小到微米或大到天体的目标	较差：不能观看微小的目标
色彩识别能力	差：但可以量化	强：易受人的心理影响，不能量化
速度	快：快门时间可达到 10 μs	慢：无法看清较快速运动的目标
观测精度	高：可到微米级，易量化	低：无法量化
感光范围	较宽：包括可见光、不可见光、X 光等	窄：400～750 nm 范围的可见光
环境适应性	强：还可以加防护装置	差：在许多场合对人有害
其他	客观性：可连续工作	主观性：受心理影响，易疲劳

机器视觉的使用能够节省生产时间、降低生产成本、优化物流过程、缩短生产线停工时长、提高生产率和产品质量、减轻测试及检测人员劳动强度、减少不合格产品的数量、提高设备利用率等。

不同行业、不同用途的机器视觉系统在高速数据处理设备、高分辨率图像采集设备、高精度运动控制设备的共同作用下，通常具有如下特点。

（1）精度高。

一般机器视觉系统采用高分辨率的图像采集设备，保证其检测精度，这方面已经远远超过了传统人工操作时的检测精度。

（2）数字化分析与处理能力。

机器视觉系统不仅能够在定位、识别过程中做出类似人眼的判断，同时能够进行快速、精确的定位测量与数据分析，保证了机器视觉系统更易于与其他生产控制系统、管理系统进行融合。

（3）非接触。

机器视觉系统与被测对象之间不直接接触，不会对被测物体造成任何损伤和影响，在环境比较恶劣时，机器视觉技术有着天然的优势。

（4）连续性和稳定性。

机器视觉系统能够避免由人工操作带来的产品质量不稳定，同时能够进行长时间的连续作业，不疲劳。

（5）较宽的光谱响应范围。

在机器视觉系统中，能够利用人眼看不见的光谱波段进行分析，如红外、紫外、X光等，实现特殊要求下的视觉识别与检测，扩展了检测范围。

（6）快速性。

在图像数据采集方面，高性能图像处理芯片的应用使得机器视觉系统能够及时处理高速相机采集的大量图像数据，同时具有高速响应能力的运动机构也使机器视觉系统能够实现对大批量、高速运动物体的捕捉、识别、检测并进行相应动作。

1.3.2　机器视觉与机器人行业应用

机器视觉系统提高了生产的自动化程度，使得在不适合人工作业的危险环境中工作变成了可能，让大批量、持续生产变成了现实，大大提高了生产效率和产品精度。其快速获取信息并自动处理的性能，也为工业生产的信息集成提供了方便。机器视觉在工业领域中应用的主要实现途径之一是工业机器人，按照功能的不同，工业机器人视觉的主要应用领域可以分成4类：引导、检测、测量和识别，见表1.2。

表1.2　工业机器人视觉的主要应用领域

序号	应用领域	示例	主要应用行业
1	引导	输出坐标空间，引导机器人精准定位	电子产品制造 汽车 消费品 食品和饮料 物流 包装 医药
2	检测	零件或部件的有无检测	
		目标位置和方向检测	
3	测量	尺寸和容量的测量	
		预设标记的测量，如孔位到孔位的距离	
4	识别	标准一维码、二维码的解码	
		光学字符识别（OCR）和确认（OCV）	
		色彩和瑕疵检测	

➢ **引导**　通过视觉引导实现生产自动化，提升自动化程度和灵活性，保证产品的生产加工质量和提升产能。

➢ **检测**　通过视觉检测产品完整性、位置准确性，实现对质量的高效控制。

➢ **测量**　实现快速、精确、高效的非接触式测量。

➢ **识别**　快速进行代码、字符、数字、颜色、形状等识别，控制物料流程，实现生产过程信息可追溯和数据采集功能。图 1.25 所示为机器视觉技术的四大典型应用领域。

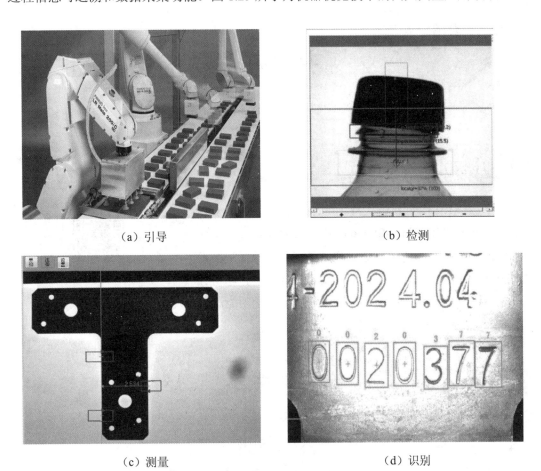

（a）引导　　　　　　　　　　　　　（b）检测

（c）测量　　　　　　　　　　　　　（d）识别

图 1.25　机器视觉技术的四大典型应用领域

第2章 并联机器人技术基础

2.1 并联机器人组成

本书以 ABB 并联机器人—— IRB 360 机器人为例进行相关介绍和应用分析。IRB 360 机器人的视觉分拣工作站组成结构如图 2.1 所示。该工作站是基于机器视觉技术的 IRB 360 机器人综合应用，能够实现视觉识别、物料分拣、输送带动态跟踪、系统集成等工程应用教学功能。

※ 并联机器人简介

图 2.1　IRB 360 机器人视觉分拣工作站

并联机器人一般由 3 部分组成：操作机、控制器、示教器。

2.1.1　操作机

操作机又称机器人本体，是工业机器人的机械主体，是用来完成规定任务的执行机构。ABB IRB 360 系列有多款机型，根据控制轴数分为 3 轴和 4 轴。而 IRB 360-3/1130（简称 IRB 360）机器人是一款 4 轴机器人，其本体结构如图 2.2 所示。

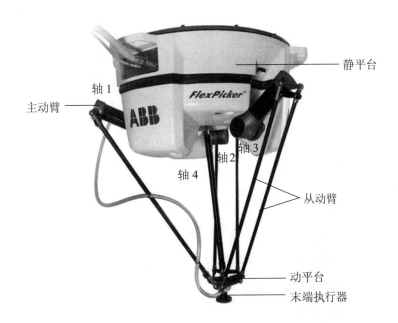

图 2.2　IRB 360-3/1130 机器人本体结构

ABB IRB 360 机器人的规格与特性见表 2.1。

表 2.1　ABB IRB 360 机器人的规格与特性

规　　格		
型号	工作范围/mm	额定负荷/kg
IRB 360	1 130	3
特　　性		
重复定位精度/mm	0.1	
机器人安装方式	吊装	
防护等级	IP54	
控制器	IRC5	
主要应用	物料搬运、装配	

2.1.2　控制器

ABB IRB 360 机器人多采用 IRC5 紧凑型控制器,其先进的动态建模技术以 QuickMove 和 TrueMove 运动控制为核心,赋予机器人较好的运动控制性能与路径精度,支持 RobotStudio 离线编程,可在线监测状态的远程服务。

IRC5 紧凑型控制器的操作面板由按钮面板、电缆接口面板和电源接口面板三部分组成,如图 2.3 所示。

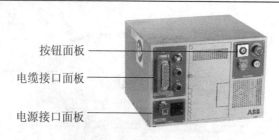

按钮面板 ——

电缆接口面板 ——

电源接口面板 ——

图 2.3　IRC5 紧凑型控制器

IRC5 紧凑型控制器操作面板简介见表 2.2。

表 2.2　IRC5 紧凑型控制器操作面板简介

面板	图片	说　明
按钮面板		**模式选择旋钮**：用于切换机器人工作模式
		急停按钮：在任何工作模式下，按下急停按钮，机器人立即停止运动
		上电/复位按钮：发生故障时，使用该按钮对控制器内部状态进行复位，即在自动模式下，按下该按钮，机器人电机上电，按键灯常亮
		制动闸按钮：机器人制动闸释放单元。通电状态下，按下该按钮，可用手旋转机器人任何一个轴运动
电缆接口面板		**XS4**：示教器电缆接口，连接机器人示教器
		XS41：外部轴电缆接口，连接外部轴电缆信号
		XS2：编码器电缆接口，连接外部编码器接口
		XS1：电机动力电缆接口，连接机器人驱动器接口
电源接口面板		**XP0**：电源电缆接口，用于为控制器供电
		电源开关：控制器电源开关。ON：开；OFF：关

2.1.3 示教器

1. 简介

IRB 360 机器人的示教器（FlexPendant）是一种手持式操作员装置，由硬件和软件组成，其本身就是一套完整的计算机。它是机器人的人机交互接口，用于执行与操作机器人有关的任务，如运行程序、手动操作机器人、修改机器人程序等，也可用于备份与恢复、配置机器人、查看机器人系统信息等。示教器可在恶劣的工业环境下持续运作，其触摸屏易于清洁，且防水、防油、防溅锡。示教器规格见表 2.3。

表 2.3 示教器规格

名　称	属　性
屏幕尺寸	6.5 英寸①彩色触摸屏
屏幕分辨率	640×480
质量	1.0 kg
按钮	12 个
语言种类	20 种
操作杆	支持
USB 内存支持	支持
紧急停止按钮	支持
是否配备触摸笔	是
支持左手与右手使用	支持

注：①1 英寸≈2.54 cm。

2. 外形结构

示教器的外形结构如图 2.4 所示，各按键功能如图 2.5 所示。

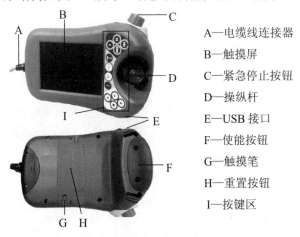

A—电缆线连接器

B—触摸屏

C—紧急停止按钮

D—操纵杆

E—USB 接口

F—使能按钮

G—触摸笔

H—重置按钮

I—按键区

图 2.4 示教器的外形结构

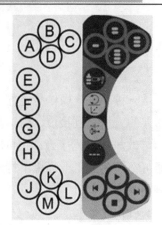

A～D—自定义按键

E—选择机械单元

F、G—选择操纵模式

H—切换增量

J—步退执行程序

K—执行程序

L—步进执行程序

M—停止执行程序

图 2.5　示教器各按键功能

3. 正确手持姿势

操作机器人之前必须学会正确手持示教器，如图 2.6 所示。左手穿过固定带，将示教器放置在左手小臂上，然后用右手进行屏幕和按钮的操作。

图 2.6　示教器正确的手持姿势

4. 开机完成界面

系统开机完成后进入如图 2.7 所示界面。

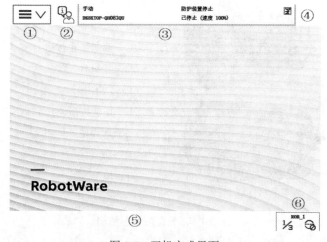

图 2.7　开机完成界面

开机界面说明如下。

➤ **主菜单**   显示机器人各个功能主菜单界面。

➤ **操作员窗口**   机器人与操作员交互界面，显示当前状态信息。

➤ **状态栏**   显示机器人当前状态，如工作模式、电机状态、报警信息等。

➤ **关闭按钮**   关闭当前窗口按钮。

➤ **任务栏**   当前界面打开的任务列表，最多支持打开 6 个界面。

➤ **快速设置菜单**   快速设置机器人功能界面，如速度、运行模式、增量等。

5. 主菜单界面

示教器主菜单界面如图 2.8 所示。

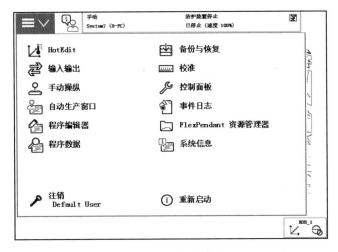

图 2.8   主菜单界面

➤ **HotEdit**   对编写的程序点位做一定补偿。

➤ **输入输出**   查看并操作 I/O 信号。

➤ **手动操纵**   查看并配置手动操作属性。

➤ **自动生产窗口**   机器人自动运行时显示程序画面。

➤ **程序编辑器**   对机器人进行编程和调试。

➤ **程序数据**   查看机器人并配置变量数据。

➤ **备份与恢复**   对系统数据进行备份和恢复。

➤ **校准**   用于对机器人机械零点进行校准。

➤ **控制面板**   对机器人系统参数进行配置。

➤ **事件日志**   查看系统所有事件。

➤ **FlexPendant 资源管理器**   对系统资源、备份文件等进行管理。

➤ **系统信息**   用于查看系统控制器属性以及硬件和软件等信息。

➤ **注销**   退出当前用户权限。

➤ **重新启动**   重新启动机器人系统。

2.2　并联机器人安装

进行机器人组装之前需先了解机械臂的结构和部件，再确认机器人系统的安装条件及安装方式。

机械臂的结构和部件如图 2.9 所示。

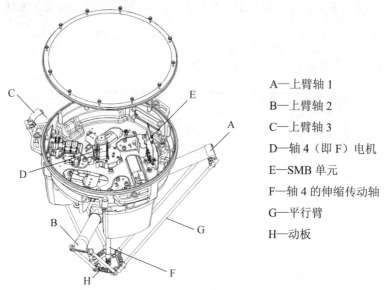

A—上臂轴 1

B—上臂轴 2

C—上臂轴 3

D—轴 4（即 F）电机

E—SMB 单元

F—轴 4 的伸缩传动轴

G—平行臂

H—动板

图 2.9　机械臂的结构和部件

2.2.1　机器人拆箱

IRB 360 机器人的完整装箱图如图 2.10 所示。

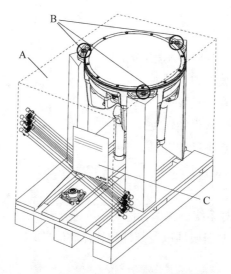

A—机器人递送箱

B—3 个固定点

C—机器人送货单

图 2.10　机器人的完整装箱图

通过专业的拆卸工具打开箱子，请确认装箱清单（标准配置），部分配件如图 2.11 所示。

（a）资料光盘   （b）说明书   （c）编码器电缆   （d）电机动力电缆

图 2.11   部分配件

2.2.2   安装方式

机器人的安装对其功能的发挥十分重要，并联机器人仅支持吊装式。吊装式安装可有效提高空间利用率，减小整个摆臂的质量，使得并联机器人在同样的功率驱动下，其性能更加强大。

在进行机器人安装时，需要使用起吊设备将工业机器人进行正确的吊装，机器人吊装姿态如图 2.12 所示，以便使用螺栓将其固定在作业支撑机械钢构上。

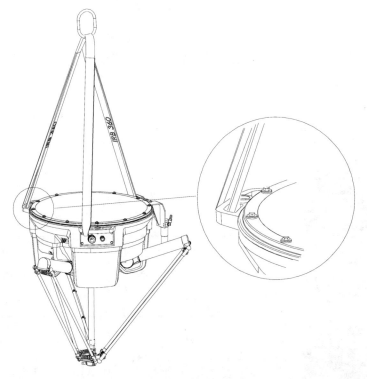

图 2.12   机器人吊装姿态

ⓘ **注意：**

（1）必须按规范操作。

（2）机器人本体质量为 120 kg，使用的所有起重配件都必须大小相配。

（3）将机器人本体固定到其框架之前，切勿改变其姿态。

（4）机器人本体固定必须牢固可靠。

（5）在安装过程中必须时刻注意安全。

2.2.3　硬件连接

机器人控制器部分接口如图 2.13 所示，连接外部硬件线缆包括：电机动力电缆、电源电缆、编码器电缆、示教器电缆，各电缆作用及连接点见表 2.4。

图 2.13　控制器部分接口

表 2.4　各电缆作用及连接点

序号	图片	名称	控制器连接点	机器人连接点	说明
1		电机动力电缆	XS1	R1.MP	将电机的电源和控制装置与机器人连接
2		电源电缆	XP0	—	AC 220 V/50 Hz 电源进线
3		编码器电缆	XS2	R1.SMB	将机器人伺服电机编码器接口板数据传送给控制器
4		示教器电缆	XS4	—	连接示教器和控制器

2.3   基本操作

2.3.1   手动操纵

手动操纵机器人时，ABB 机器人有 3 种运动方式可供选择，分别为单轴运动、线性运动和重定位运动。

※   基本操作

（1）单轴运动。

单轴运动即机器人在关节坐标系下的运动，控制机器人的各轴单独动作，用于调整机器人的位姿（即位置和姿态）。

（2）线性运动。

线性运动即控制机器人在选定的坐标系空间中进行直线运动，用于调整机器人的位置。

（3）重定位运动。

重定位运动即选定的机器人工具中心点（TCP）绕着对应工具坐标系进行旋转运动。在运动时机器人 TCP 位置保持不变，姿态发生变化，因此用于调整机器人姿态。

1. 单轴运动

手动操作单轴运动的方法如下。

步骤 1：将控制器上"模式选择"旋钮切换至"手动模式"，如图 2.14 所示。在状态栏中，确认机器人的状态已切换至"手动"。

图 2.14   模式选择

步骤 2：在示教器主菜单界面中选择"手动操纵"，如图 2.15 所示。

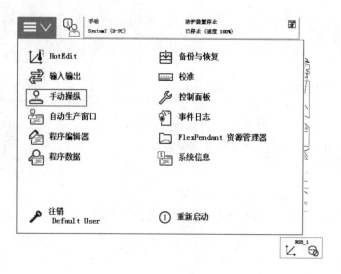

图 2.15　在主菜单界面中选择"手动操纵"

步骤 3：点击【动作模式】按钮，手动操纵界面如图 2.16 所示。

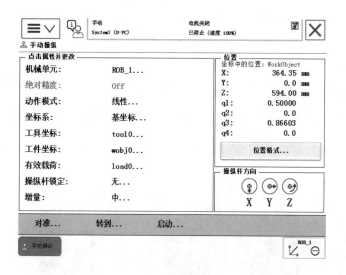

图 2.16　手动操纵界面

步骤 4：点击【轴 1-3】按钮→【确定】按钮，选择动作模式界面如图 2.17 所示。

图 2.17　选择动作模式界面

另外可选择【轴 4-6】按钮来操作轴 4。

步骤 5：半按住示教器的使能按钮不放，如图 2.18 所示，进入"电机开启"状态。

步骤 6：在状态栏中，确认"电机开启"状态界面如图 2.19 所示。

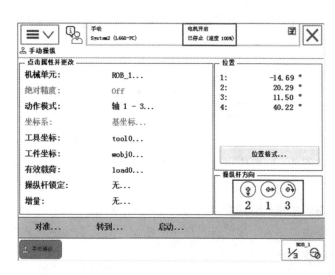

图 2.18　半按住使能按钮　　　　图 2.19　确认"电机开启"状态界面

其中，操纵杆方向指示栏中显示"轴 1-3"的操作方向，箭头代表轴运动的正方向。

步骤 7：分别按照指示栏中所指示的操纵杆方向移动操纵杆，机器人各轴将会沿着对应方向运动。

注：操纵杆的操作幅度与机器人的运动速度相关。操作幅度小，则机器人的运动速度慢；操作幅度大，则机器人的运动速度快。

2. 线性运动

ABB 机器人在线性运动模式下可以参考的坐标系有大地坐标系、基坐标系、工具坐标系和工件坐标系 4 种，用户可根据需要选择任意一个坐标系进行线性运动。

线性运动的具体操作步骤除第 4 步骤外，其余步骤与单轴运动相同。基本操作步骤如下。

步骤 1：将控制器上"模式选择"旋钮切换至"手动模式"。在状态栏中，确认机器人的状态已切换至"手动"。

步骤 2：在示教器主菜单界面中选择"手动操纵"。

步骤 3：点击【动作模式】按钮。

步骤 4：点击【线性】按钮→【确定】按钮，选择动作模式界面如图 2.20 所示。

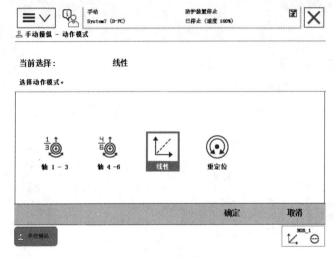

图 2.20　选择动作模式界面

步骤 5：半按住示教器的使能按钮不放，进入"电机开启"状态。

步骤 6：在状态栏中，确认"电机开启"状态。

注：操纵杆方向指示栏中显示"X，Y，Z"的操作杆方向，箭头代表正方向。

步骤 7：分别按照操纵杆方向指示栏中所指示的方向移动操纵杆，机器人将会沿着对应方向运动。

3. 重定位运动

由于 DELTA 并联机器人结构的特殊性，无法实现其 X 轴、Y 轴的重定位运动，只能实现 Z 轴的重定位运动。

重定位运动的具体操作步骤如下。

步骤 1：将控制器上"模式选择"旋钮切换至"手动模式"。在状态栏中，确认机器人的状态已切换至"手动"。

步骤 2：在示教器主菜单界面中选择"手动操纵"。

步骤 3：点击【动作模式】按钮。

步骤 4：点击【重定位】按钮→【确定】按钮，选择动作模式界面如图 2.21 所示。

图 2.21 选择动作模式界面

步骤 5：在手动操纵界面，点击【坐标系】按钮。

步骤 6：选择"工具"，点击【确定】按钮，选择工具界面如图 2.22 所示。

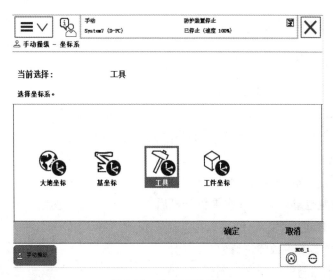

图 2.22 选择工具界面

步骤 7：在手动操纵界面，选择【工具坐标】按钮。

步骤 8：选择需要的工具坐标系，如"tool1"，点击【确定】按钮，选择工具坐标系界面如图 2.23 所示。

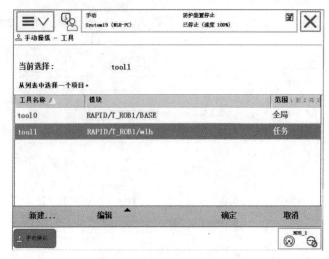

图 2.23　选择工具坐标系界面

步骤 9：半按住示教器的使能按钮不放，进入"电机开启"状态。

步骤 10：在状态栏中，确认"电机开启"状态。

注：操纵杆方向指示栏中显示"X，Y，Z"的操作杆方向，箭头代表正方向。

步骤 11：按照操纵杆方向指示栏中所指示的 Z 轴方向移动操纵杆，机器人将会沿着 Z 轴方向运动。而 X 轴、Y 轴方向运动无效。

2.3.2　机器人系统校准

1. 转数计数器更新意义

ABB 机器人本体上有一块串行测量板（SMB），其主要作用是从机器人各伺服电机处收集转数计数器数据。该数据用于测量每个轴的速度和位置。

当机器人正常通电时，转数计数器主要由主电源供电支持，当机器人断电后，其数据由 SMB 电池提供电力支持。如果转数计数器数据不正确，将导致机器人定位不准确。

在以下情况时，我们需要进行转数计数器更新：

（1）SMB 电池电量耗尽，每次重新开机后。

（2）更换 SMB 电池后。

（3）转数计数器发生故障，修复后。

（4）转数技术器与测量板之间断开过以后。

（5）断电后，机器人关节轴发生了移动。

（6）系统报警提示"10036 转数计数器未更新"时。

在首次安装时，连接机器人与控制器之后，需更新转数计数器。IRB 360 机器人本体的 4 个轴均有零点标记，并联机器人校准位置如图 2.24 所示。

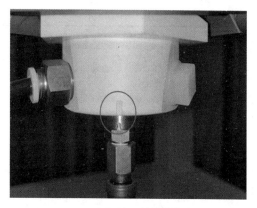

（a）轴 1～3 零点标记　　　　　　　　　　（b）轴 4 校准标记

图 2.24　并联机器人校准位置

2. 转数计数器更新的操作步骤

转数计数器更新的操作步骤见表 2.5。

表 2.5　转数计数器更新的操作步骤

序号	图片示例	操作步骤
1	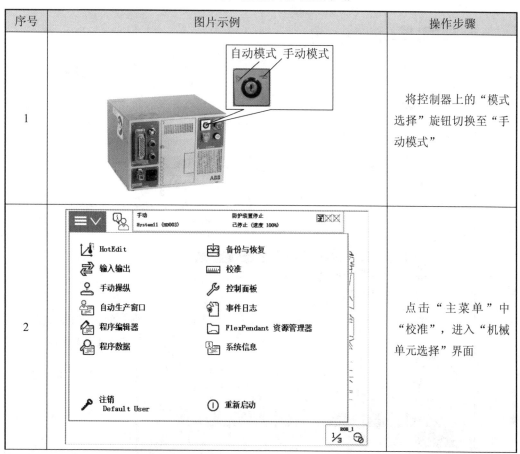	将控制器上的"模式选择"旋钮切换至"手动模式"
2		点击"主菜单"中"校准"，进入"机械单元选择"界面

续表 2.5

序号	图片示例	操作步骤
3	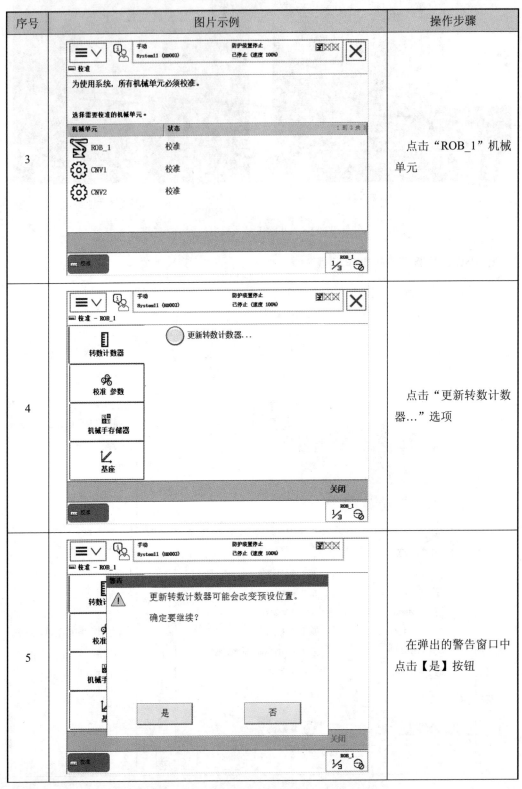	点击"ROB_1"机械单元
4		点击"更新转数计数器…"选项
5		在弹出的警告窗口中点击【是】按钮

续表 2.5

序号	图片示例	操作步骤
6		勾选"ROB_1",并点击【确定】按钮
7		按住轴 1 与轴 2 之间的刹车按钮,将轴 1 调整至零点位置
8		调整完成后,勾选 rob1_1,点击【更新】按钮

续表 2.5

序号	图片示例	操作步骤
9	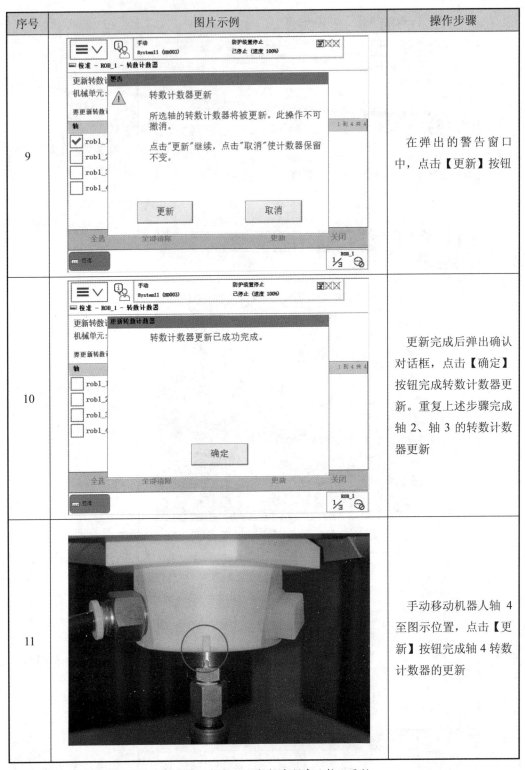	在弹出的警告窗口中，点击【更新】按钮
10		更新完成后弹出确认对话框，点击【确定】按钮完成转数计数器更新。重复上述步骤完成轴2、轴3的转数计数器更新
11		手动移动机器人轴4至图示位置，点击【更新】按钮完成轴4转数计数器的更新

注：IRB 360 机器人每次只可校准 1 根轴，且轴校准顺序从轴 1 开始。

2.3.3　快捷操作菜单

1. 快捷操作菜单

快捷操作菜单在手动模式下显示机器人当前的机械单元、动作模式和增量大小，并且提供了比手动操纵界面更加快捷的方式实现在各个属性间进行切换。熟练使用快捷操作子菜单可以更为高效地操控机器人运动。

点击示教器右下角的快捷操作菜单，示教器右边栏将弹出快捷操作菜单按钮，如图 2.25 所示。

图 2.25　快捷操作菜单

快捷操作菜单按钮说明见表 2.6。

表 2.6　快捷操作菜单按钮说明

序号	图例	说　　明
1		**机械单元**：用于选择控制的机械单元及其操纵属性
2		**增量**：用于切换增量模式
3		**运行模式**：用于选择程序的运行模式，可以在"单周"和"连续"之间切换
4		**步进模式**：用于选择逐步执行程序的方式
5		**速度**：用于设置当前模式下的执行速度，显示相对于最大运行速度的百分比
6		**任务**：用于启用/停用任务，安装 Multitasking 选项后可以包含多个任务，否则仅包含一个任务

2. 机械单元

点击【机械单元】按钮，弹出菜单详情，如图 2.26 所示。

图 2.26　机械单元菜单详情

机械单元各菜单项说明见表 2.7。

表 2.7　机械单元各菜单项说明

序号	图例	说　　明
1		用于切换动作模式
2		用于切换运动坐标系
3	tool3	用于选择工具坐标系
4	wobj1	用于选择工件坐标系

在机械单元子菜单点击【显示详情】按钮，弹出机械单元详情页，如图 2.27 所示。

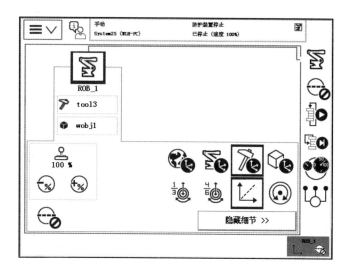

图 2.27   机械单元详情

机械单元详情页各项菜单项说明见表 2.8。

表 2.8   机械单元详情页各项菜单项说明

序号	图例	说　明
1	tool3	用于选择工具坐标系
2	wobj1	用于选择工件坐标系
3		用于选择参考坐标系
4		用于选择动作模式
5	100 %	用于切换速度
6		用于切换增量模式

3. 增量

点击【增量】按钮，弹出菜单详情，如图 2.28 所示。

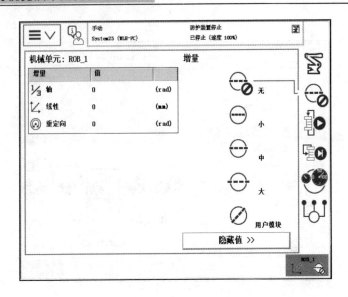

图 2.28　增量菜单详情

增量各菜单项说明见表 2.9。

表 2.9　增量各菜单项说明

序号	图例	说　　　明
1	无	无增量
2	小	小移动
3	中	中等移动
4	大	大移动
5	用户模块	用户定义的移动

4. 运行模式

点击【运行模式】按钮，弹出菜单详情，如图 2.29 所示。

图 2.29   运行模式菜单详情

运行模式各菜单项说明见表 2.10。

表 2.10   运行模式各菜单项说明

序号	图例	说　　明
1	单周	运行一次循环然后停止执行
2	连续	连续运行

5. 步进模式

点击【步进模式】按钮，弹出菜单详情，如图 2.30 所示。

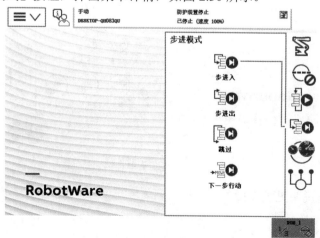

图 2.30   步进模式菜单详情

步进模式各菜单项说明见表2.11。

表 2.11　步进模式各菜单项说明

序号	图例	说　　明
1	步进入	点击进入已调用的例行程序并逐步执行
2	步进出	执行当前例行程序的其余部分,然后在例行程序中的下一指令处停止,无法在 Main 例行程序中使用
3	跳过	一步执行调用的例行程序
4	下一步行动	步进到下一条运动指令,在运动指令之前和之后停止,以方便修改位置等操作

6. 速度

点击【速度】按钮,弹出菜单详情,如图2.31所示。

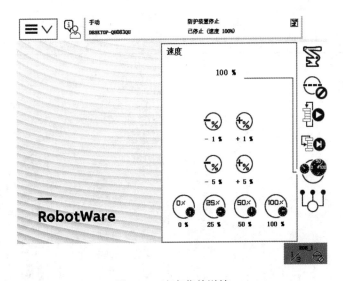

图 2.31　速度菜单详情

速度各菜单项说明见表2.12。

表 2.12 速度各项菜单项说明

序号	图例	说 明
1	-1% +1%	以 1%的步幅减小/增大运行速度
2	-5% +5%	以 5%的步幅减小/增大运行速度
3	0% 25% 50% 100%	四个速度等级：0%、25%、50%、100%

2.4 坐标系创建

2.4.1 工具坐标系

ABB 机器人在机械臂末端的连接法兰中心处有一个默认定义的工具坐标系 tool0。当换装工具后，通常需要新建一个工具坐标系，即将 tool0 进行偏移。工具坐标系用于调试机器人时，方便用户调整机器人的位姿。

工具坐标系建立的目的就是将图 2.32（a）所示的默认工具坐标系转换为图 2.32（b）所示的自定义工具坐标系（基于气动吸盘工具）。

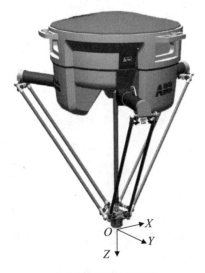

（a）默认工具坐标系

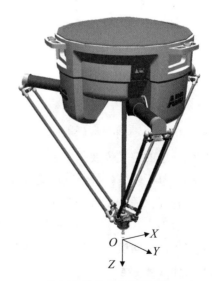

（b）自定义工具坐标系

图 2.32 工具坐标系建立的目的

ABB 机器人工具坐标系常用定义方法有 3 种：【TCP（默认方向）】按钮、【TCP 和 Z】按钮、【TCP 和 Z、X】按钮。

（1）TCP（默认方向）。只改变 TCP 的位置，不改变 TCP 的方向，适用于工具坐标系与 Tool0 方向一致的场合。

（2）TCP 和 Z。不仅改变 TCP 的位置，还改变工具的有效方向 Z，适用于工具坐标系 Z 轴方向与 tool0 的 Z 轴方向不一致的场合。

（3）TCP 和 Z、X。TCP 的位置、Z 轴和 X 轴的方向均发生变化，适用于需要更改工具坐标 Z 轴和 X 轴方向的场合。

由于 DELTA 并联机器人的特殊结构，所以其无法像六轴机器人一样可以使用多种工具坐标系设置方法。ABB DELTA 并联机器人常用的工具坐标系设置方法是通过更改参数值直接定义。

2.4.2　工件坐标系

工件坐标系是定义在工件或工作台上的坐标系，用来确定工件相对于基坐标系或其他坐标系的位置，方便用户以工件平面为参考对机器人进行手动操作及示教编程。

ABB 机器人采用三点法来定义工件坐标系，这三点分别为 X 轴上的第一点 X_1、X 轴上的第二点 X_2 和 Y 轴上的点 Y_1，其原点为 Y_1 与 X_1、X_2 所在直线的垂足，如图 2.33 所示。通常，使 X_1 点与原点重合进行示教。工件坐标系建立后的效果图如图 2.34 所示。

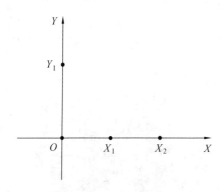

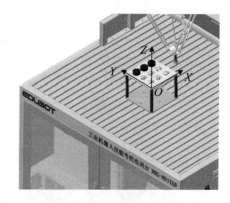

图 2.33　工件坐标系定义　　　　　　　　图 2.34　工件坐标系效果图

工件坐标系的定义需要基于某一个工具坐标系下进行。工件坐标系建立完成后，要对新建的坐标系进行验证，保证其准确性。工件坐标系验证步骤如下：

（1）选择建立后的工件坐标系。

（2）将机器人 TCP 移至工件坐标系原点位置。

（3）在线性运动模式下，操作机器人沿 X 轴正方向移动，观察机器人移动路径是否沿着定义的工件 X 轴移动。

（4）在线性运动模式下，操作机器人沿 Y 轴正方向移动，观察机器人移动路径是否沿着定义的工件 Y 轴移动。

（5）如果第（3）步和第（4）步中机器人是沿着定义的 X 和 Y 轴移动，那么新建的工件坐标系是正确的，反之就是错误的，需重新建立。

2.5　I/O 通信

　　机器人 I/O 是用于连接外部输入/输出设备的接口，控制器可根据使用需求扩展各种输入/输出单元。ABB　IRB 360 机器人标配的 I/O 板为分布式 I/O 板 DSQC652，共有 16 路数字量输入接口和 16 路数字量输出接口，DSQC652 标准 I/O 板如图 2.35 所示。

※ I/O 通信

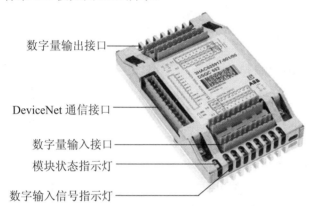

图 2.35　DSQC652 标准 I/O 板

2.5.1　I/O 硬件介绍

　　IRB 360 机器人所采用的 IRC5 紧凑型控制器的 I/O 接口和控制电源接口，如图 2.36 所示。

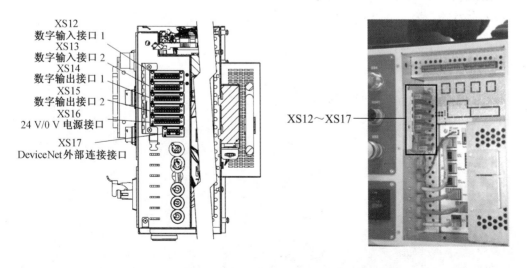

图 2.36　IRC5 紧凑型控制器的 I/O 接口和控制电源接口

其中，XS12、XS13 为 8 路数字量输入接口，　XS14、XS15 为 8 路数字量输出接口，XS16 为 24 V 电源接口，XS17 为 DeviceNet 通信接口。I/O 接口定义见表 2.13。

表 2.13　I/O 接口定义

端子名称	端子功能	接口定义
XS12	数字输入接口 1	数字量输入第 0～7 路、公共端
XS13	数字输入接口 2	数字量输入第 8～15 路、公共端
XS14	数字输出接口 1	数字量输出第 0～7 路、外部供电
XS15	数字输出接口 2	数字量输出第 8～15 路、外部供电
XS16	24 V/0 V 电源接口	24 V/0 V 电源输出

数字输入接口和数字输出接口均有 10 个引脚，包含 8 个通道，数字 I/O 的供电电压为 24 V DC，可通过外接电源供电。对于数字 I/O 板卡，提供高电平信号时，数字输入有效；输出有效时，信号为也为高电平。

数字 I/O 信号按其功能不同可分为通用 I/O 和系统 I/O。通用 I/O 是由用户自定义而使用的 I/O，用于连接外部输入/输出设备；系统 I/O 是将数字 I/O 信号与机器人系统控制信号关联起来，通过外部信号对系统进行控制。对于控制器 I/O 接口，其本身并无通用 I/O 和系统 I/O 之分，在使用时，需要用户结合具体项目及功能要求，在完成 I/O 信号接线后，通过示教器对 I/O 信号进行映射和配置。

2.5.2　I/O 信号配置

ABB 标准 I/O 板安装完成后，需要对各物理信号进行一系列配置后才能在软件中使用，设置的过程称为 I/O 配置。I/O 配置分为两个过程：一是将 I/O 板添加到 DeviceNet 总线上（添加 I/O 板），二是映射 I/O。

1. 添加 I/O 板

添加 I/O 板的操作步骤见表 2.14。

表 2.14　添加 I/O 板的操作步骤

序号	图片示例	操作步骤
1		点击"主菜单"下"控制面板",进入"控制面板"界面
2		点击【配置】,进入配置界面
3		点击【DeviceNet Device】,进入设备编辑界面,点击【添加】按钮

续表 2.14

序号	图片示例	操作步骤
4	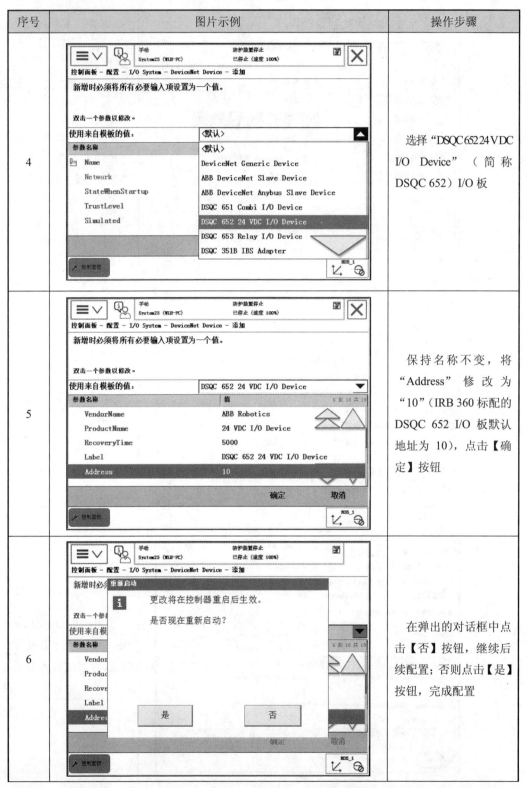	选择"DSQC 652 24 VDC I/O Device"（简称 DSQC 652）I/O 板
5		保持名称不变，将"Address"修改为"10"（IRB 360 标配的 DSQC 652 I/O 板默认地址为 10），点击【确定】按钮
6		在弹出的对话框中点击【否】按钮，继续后续配置；否则点击【是】按钮，完成配置

2. 映射 I/O

映射 I/O 的操作步骤见表 2.15。

表 2.15　映射 I/O 的操作步骤

序号	图片示例	操作步骤
1	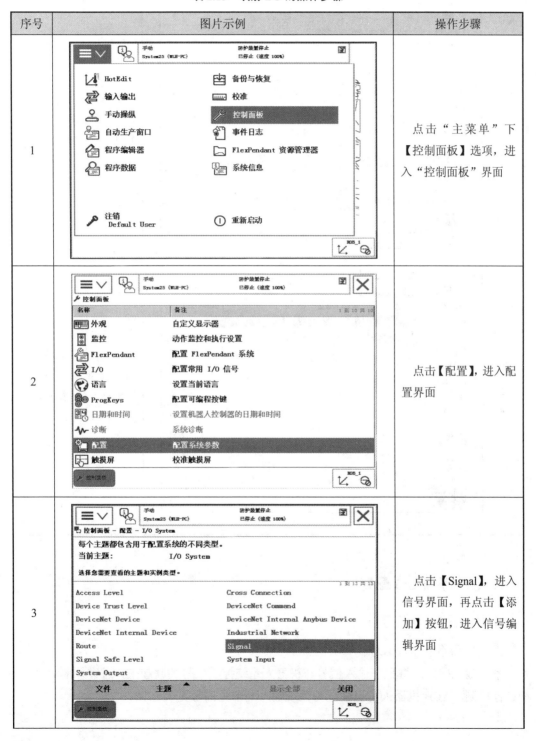	点击"主菜单"下【控制面板】选项，进入"控制面板"界面
2		点击【配置】，进入配置界面
3		点击【Signal】，进入信号界面，再点击【添加】按钮，进入信号编辑界面

续表 2.15

序号	图片示例	操作步骤
4	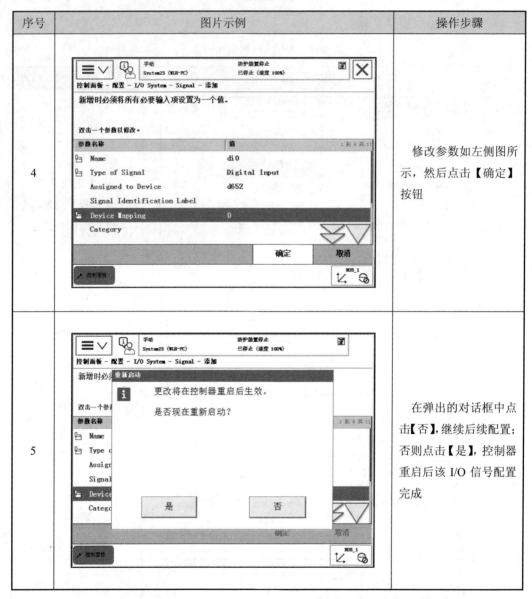	修改参数如左侧图所示，然后点击【确定】按钮
5		在弹出的对话框中点击【否】，继续后续配置；否则点击【是】，控制器重启后该 I/O 信号配置完成

2.5.3　系统 I/O 配置

1. 常用系统 I/O 信号

（1）常用系统输入信号。

系统输入配置即将数字输入信号与机器人系统控制信号关联起来，通过外部信号对系统进行控制，ABB 机器人可被配置为系统输入的常见信号见表 2.16。

表 2.16　常用系统输入信号

序号	图例	说　明
1	Motors On	电机上电
2	Motors Off	电机下电
3	Start	启动运行
4	Start at Main	从主程序启动运行
5	Stop	暂停
6	Quick Stop	快速停止
7	Soft Stop	软停止
8	Stop at end of Cycle	在循环结束后停止
9	Interrupt	中断触发
10	Load and Start	加载程序并启动运行
11	Reset Emergency stop	急停复位
12	Motors On and Start	电机上电并启动运行
13	System Restart	重启系统
14	Load	加载程序文件
15	Backup	系统备份
16	PP to Main	指针移至主程序 Main

（2）常用系统输出信号。

系统输出配置即将机器人系统状态信号与数字输出信号关联起来，将状态输出，ABB
机器人可被配置为系统输出的常用信号见表 2.17。

表 2.17　常用系统输出信号

序号	图例	说　明
1	Motor On	电机上电
2	Motor Off	电机下电
3	Cycle On	程序运行状态
4	Emergency Stop	紧急停止
5	Auto On	自动运行状态
6	Runchain Ok	程序执行错误报警
7	TCP Speed	TCP 速度，以模拟量输出当前机器人速度
8	Motors On State	电机上电状态
9	Motors Off State	电机下电状态

续表 2.17

序号	图例	说　　明
10	Power Fail Error	动力供应失效状态
11	Motion Supervision Triggered	碰撞检测被触发
12	Motion Supervision On	动作监控打开状态
13	Path return Region Error	返回路径失败状态
14	TCP Speed Reference	TCP 速度参考状态，以模拟量输出当前指令速度
15	Simulated I/O	虚拟 I/O 状态
16	Mechanical Unit Active	激活机械单元
17	TaskExecuting	任务运行状态
18	Mechanical Unit Not Moving	机械单元没有运行
19	Production Execution Error	程序运行错误报警
20	Backup in progress	系统备份进行中
21	Backup error	备份错误报警

2. 系统 I/O 信号配置

（1）系统输入信号配置。

系统输入信号配置的操作步骤见表 2.18（以系统输入信号"Motors On"为例）。

表 2.18　系统输入信号配置的操作步骤

序号	图片示例	操作步骤
1		点击"主菜单"下【控制面板】，进入"控制面板"界面

续表 2.18

序号	图片示例	操作步骤
2	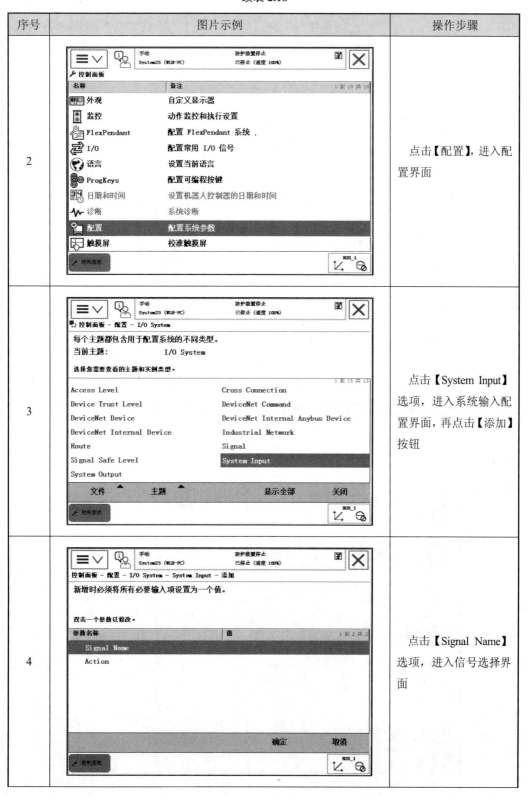	点击【配置】，进入配置界面
3		点击【System Input】选项，进入系统输入配置界面，再点击【添加】按钮
4		点击【Signal Name】选项，进入信号选择界面

续表 2.18

序号	图片示例	操作步骤
5	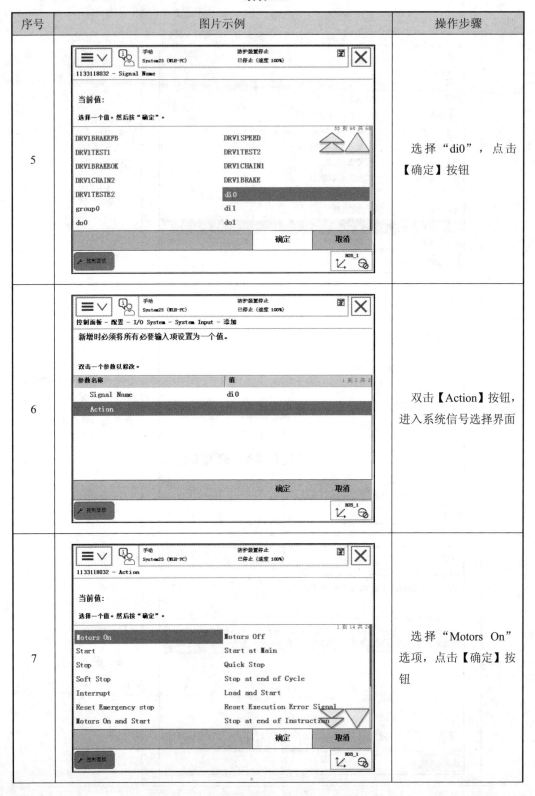	选择"di0"，点击【确定】按钮
6		双击【Action】按钮，进入系统信号选择界面
7		选择"Motors On"选项，点击【确定】按钮

续表2.18

序号	图片示例	操作步骤
8		点击【确定】按钮
9		在弹出的对话框中点击【否】，继续后续配置；否则点击【是】，控制器重启后完成系统I/O配置

2.5.4　安全信号

1. 安全信号分类

ABB机器人共有4种安全信号，见表2.19。

表2.19　ABB安全信号

序号	简称	功　　能
1	GS	**常规模式安全保护停止**：在任何模式下均有效，即在自动和手动模式下都有效，主要由安全设备激活，例如光栅、安全光幕、安全垫等
2	AS	**自动模式安全保护停止**：在自动模式下有效，用于在自动程序执行过程中被外在检测装置激活的安全机制，如门互锁开关、光束或敏感的垫等

续表 2.19

序号	简称	功　　能
3	SS	**上级安全保护停止**：在任何模式下均有效（不适用于 IRC 5 Compact），具有一般停止的功能，但主要用于外部设备的连接
4	ES	**紧急停止**：无论机器人处于何种状态，一旦紧急信号激活，机器人将立即处于停止状态，且在报警没有消除的状态下，机器人无法启动。紧急停止需要在紧急情况下才能使用，不正确地使用紧急停止可能会缩短机器人的使用寿命

2. 安全信号接线

IRB 360 机器人采用 IRC5 紧凑型控制器，其安全信号位于顶部 XS7、XS8、XS9 接口上，安全保护机制端子如图 2.37 所示。

图 2.37　安全保护机制端子

XS7~XS9 各端子含义，见表 2.20。

表 2.20　XS7~XS9 各端子含义

序号	XS7	XS8	XS9
1	ES1 top	ES2 top	0 V
2	24 V panel	0 V	GS2−
3	Run CH1 top	Run CH2 top	AS2−
4	ES1:int	ES2:int	GS2+
5	ES1 bottom	ES2 bottom	AS2+
6	0 V	24 V panel	24 V panel
7	Sep ES1:A	Sep ES2:A	0 V
8	Sep ES1:B	Sep ES2:B	GS1−
9	—	—	AS1−
10	—	—	GS1+
11	—	—	AS1+
12			24 V panel

机器人出厂时安全信号端子默认为短接状态，在使用该功能时可以取下跳线连接线，进行功能接线。控制器采用双回路急停保护机制，分别位于 XS7 和 XS8 上。两组回路共同作用，即只有当 XS7 和 XS8 同时接通时才能消除急停，只要两路端子上任何一路断开急停功能即生效。

XS7 和 XS8 引脚接线如图 2.38 所示。

 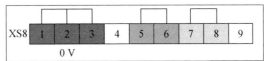

图 2.38　XS7 和 XS8 引脚接线

第3章 并联机器人编程基础

3.1 程序构成

3.1.1 程序结构

ABB 机器人编程语言称为 RAPID 语言，采用分层编程方案，可为特定机器人系统安装新程序、数据对象和数据类型。ABB 机器人程序包含三个部分：任务、模块、例行程序，其结构如图 3.1 所示。

※ 程序构成

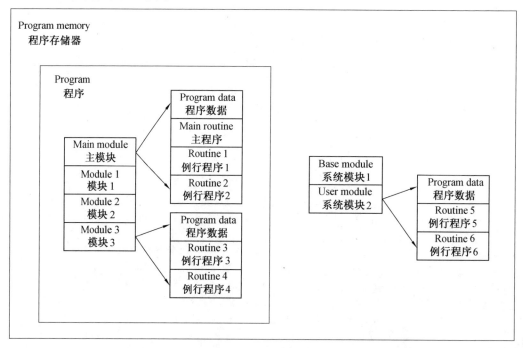

图 3.1　ABB 机器人程序组成

一个任务中包含若干个系统模块和用户模块，而模块中可以包含若干程序。其中系统模块预定了程序系统数据，定义了常用的系统特定数据对象（包含工具、焊接数据、移动数据）、接口（包含打印机、日志文件）等。

用户程序通常分布于不同的模块中，在不同的模块中编写对应的例行程序和中断程序。主程序作为程序执行的入口，有且仅有一个，通常通过执行 main 程序调用其他子程序，实现机器人的相应功能。

ABB 机器人程序中默认所包含的模块有 Base 模块、User 模块和 Main 模块。

1．Base 模块

Base 模块主要用于对工具（tool0）、工件（wobj0）以及负载（load0）进行初始定义。实际应用中工具坐标系、工件坐标系以及负载设定都是来自系统初始化格式和数据。

2．User 模块

User 模块主要用于设置系统的默认变量值，如 num 变量值及时钟变量等。

3．Main 模块

Main 模块包括程序数据（Program Data）、主程序（Main Routine）以及 N 个例行程序（Routine）。

3.1.2　程序数据

1．常见数据类型

数据存储描述了机器人控制器内部的各项属性，ABB 机器人控制器数据类型达到 100 余种，其中常见数据类型见表 3.1。

表 3.1　常见数据类型

类别	名称	描　　述
基本数据	bool	逻辑值：取值为 TRUE 或 FALSE
	byte	字节值：取值范围为 0～255
	num	数值：可存储整数或小数，整数取值范围为-8 388 607～8 388 608
	dnum	双数值：可存储整数或小数，整数取值范围为-4 503 599 627 370 495～4 503 599 627 370 496
	string	字符串：最多 80 个字符
	stringdig	只含数字的字符串：可处理数值不大于 4 294 967 295
I/O数据	dionum	数字值：取值为 0 或 1，用于处理数字 I/O 信号
	signaldi	数字量输入信号
	signaldo	数字量输出信号
	signalgi	数字量输入信号组
	signalgo	数字量输出信号组
	signalai	模拟量输入信号
	signalao	模拟量输出信号

续表 3.1

类别	名称	描　　述
运动相关数据	robtarget	位置数据：定义机械臂和附加轴的位置
	robjoint	关节数据：定义机械臂各关节位置
	speeddata	速度数据：定义机械臂和外轴移动速率，包含 4 个函数 V_tcp 表示工具中心点速率，单位为 mm/s
	zonedata	区域数据：一般也称为转弯半径，用于定义机器人轴在朝向下一个移动位置前如何接近编程位置
	tooldata	工具数据：用于定义工具的特征，包含工具中心点（TCP）的位置和方位，以及工具的负载
	wobjdata	工件数据：用于定义工件的位置及状态
	loaddata	负载数据：用于定义机械臂安装界面的负载

2. 数据存储类型

ABB 机器人数据存储类型分为 3 种：常量（CONST）、变量（VAR）和可变量（PRES），见表 3.2。

表 3.2　数据存储类型

序号	存储类型	说　　明
1	CONST	常量：数据在定义时已赋予了数值，并不能在程序中进行修改，除非手动修改
2	VAR	变量：数据在程序执行的过程中和程序停止时，会保持当前的值。但如果程序指针被移到主程序后，数据就会丢失
3	PRES	可变量：无论程序的指针如何，数据都会保持最后赋予的值。在机器人执行的 RAPID 程序中也可以对可变量存储类型数据进行赋值操作，在程序执行以后，赋值的结果会一直保持，直到对其进行重新赋值

3.2　指令类型

3.2.1　动作指令

ABB 机器人常用的动作指令有：MoveJ、MoveL、MoveC 和 MoveAbsJ。

＊ 指令类型

MoveJ： 关节运动，机器人采用最快捷的方式运动至目标点。此时机器人运动状态不完全可控，但运动路径保持唯一。关节运动常用于机器人在空间内大范围移动。

MoveL：线性运动，机器人以线性移动方式运动至目标点。当前点与目标点两点决定一条直线，机器人运动状态可控制，且运动路径唯一，但可能出现奇点。线性运动常用于机器人在工作状态下移动。

MoveC：圆周运动，机器人通过中间点以圆弧移动方式运动至目标点。当前点、中间点与目标点三点决定一段圆弧，机器人运动状态可控制，运动路径保持唯一。圆周运动常用于机器人在工作状态下移动。

MoveAbsJ：绝对位置运动，机器人以单轴运行的方式运动至目标点。此运动方式绝对不存在奇点，且运动状态完全不可控制。要避免在正常生产中使用 MoveAbsJ 命令。指令中 TCP 和 wobj 只与运动速度有关，与运动位置无关。绝对位置运动常用于检查机器人零点位置。

机器人线性运动与关节运动的示意图如图 3.2 所示，圆周运动轨迹如图 3.3 所示。

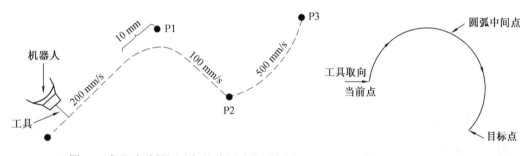

图 3.2 机器人线性运动与关节运动的示意图   图 3.3 圆周运动轨迹

常见指令格式及注释见表 3.3。

表 3.3 常见动作指令格式及注释

指令类型	指令格式	注 释
直线运动	MoveL P1,v200,z10,tool1\wobj：=wobj0;	MoveL, MoveJ：运动指令
关节运动	MoveJ P3,v500,fine,tool1\wobj：=wobj0;	P1：目标位置
圆弧运动	MoveC P5,P6,v500,fine,tool1\wobj:=wobj0;	v200：在数据中的速度规定
绝对位置运动	MoveAbsJ P7,v100,fine,tool0\wobj:=wobj0;	z10：在转弯区的尺寸规定 tool1：指令运行所使用的工具坐标系 wobj0：指令运行所使用的工件坐标系

3.2.2 控制指令

1. FOR 循环指令

当需要一个或多个指令重复运行时，使用 FOR 循环指令，见表 3.4。

表 3.4　FOR 循环指令

格式	For *Loop counter* From *Start value* To *End value* [STEP *Step value*] DO … ENDFOR	
参数	*Loop counter*	循环计数器名称，将自动声明该数据
	Start value	Num 型循环计数器起始值
	End value	Num 型循环计数器结束值
	Step value	Num 型循环增量值，若未指定该值，则起始值小于结束值时设置为 1，起始值大于结束值时设置为-1
	…	待执行指令

示例	`reg1 := 1;`
	`FOR i FROM 1 TO 3 STEP 2 DO`
	`  reg1 := reg1 + 1;`
	`ENDFOR`	

说明	设置 reg1=1，执行结束后 reg1=3	

2. IF 条件指令

当满足判断条件时，才执行某些指令或动作，可使用该指令，见表 3.5。

表 3.5　IF 条件指令

格式	IF *Condition* THEN … {ELSEIF *Condition* THEN …} [ELSE …] ENDIF	
参数	*Condition*	bool 型执行条件
	…	待执行指令

示例	`reg2 := 4;`
	`IF reg2 > 5 THEN`
	`  reg1 := 1;`
	`ELSEIF reg2 > 3 THEN`
	`  reg1 := 2;`
	`ELSE`
	`  reg1 := 3;`
	`ENDIF`	

说明	设置 reg2=4，执行结果 reg1=2	

3. ProcCall 调用无返回值程序

ProcCall 调用无返回值程序指令调用无返回值例行程序，见表 3.6。

表 3.6　ProcCall 调用无返回值程序指令

格式	*Procedure {Argument}*	
参数	*Procedure*	待调用的无返回值程序名称
	Argument	待调用程序参数
示例	`Routine1;`	
说明	调用 Routine1 例行程序	

4. Reset 复位数字输出信号

Reset 复位数字输出信号指令将数字输出信号置为 0，见表 3.7。

表 3.7　Reset 复位数字输出信号指令

格式	Reset *Signal*	
参数	*Signal*	Signaldo 型信号
示例	`Reset do1;`	
说明	将 do1 置为 0	

5. Set 置位数字输出信号

Set 置位数字输出信号指令将数字输出信号置为 1，见表 3.8。

表 3.8　Set 置位数字输出信号指令

格式	Set *Signal*	
参数	*Signal*	Signaldo 型信号
示例	`Set do1;`	
说明	将 do1 置为 1	

6. WaitDI 等待数字输入信号

WaitDI 等待数字输入信号指令等待数字输入信号直至满足条件，见表 3.9。

表 3.9　WaitDI 等待数字输入信号指令

格式	WaitDI *Signal Value [\MaxTime] [\TimeFlag]*	
参数	*Signal*	Signaldi 型信号
	Value	期望值
	[\MaxTime]	允许的最长时间
	[\TimeFlag]	等待超时标志位
示例	`WaitDI di0, 1;`	
说明	等待 di0 状态为 1	

7. WaitDO 等待直至已设置数字输出信号

WaitDO 等待直至已设置数字输出信号指令等待一个输出信号状态为设定值,见表3.10。

表 3.10　WaitDO 等待直至已设置数字输出信号指令

格式	WaitDO *Signal Value [\MaxTime] [\TimeFlag]*	
参数	*Signal*	Signaldo 型信号
	Value	期望值
	[\MaxTime]	允许的最长时间
	[\TimeFlag]	等待超时标志位
示例	`WaitDO do1, 1;`	
说明	等待 do1 状态为 1	

8. WaitTime 等待给定时间

WaitTime 等待给定时间指令,见表3.11。

表 3.11　WaitTime 等待给定时间指令

格式	WaitTime *[\InPos] Time*	
参数	*[\InPos]*	switch 型数据,指定该参数则开始计时前机器人和外轴必须静止
	Time	num 型数据,程序等待时间,单位为 s,分辨率为 0.001 s
示例	`WaitTime 5;`	
说明	等待 5 s	

9. WHILE 循环指令

WHILE 循环指令当循环条件满足时,重复执行所包围的指令,见表3.12。

表 3.12　WHILE 循环指令

格式	WHILE *Condition* DO ... ENDWHILE	
参数	*Condition*	循环条件
	...	重复执行指令

示例	```reg1 := 1;
	reg2 := 0;
	WHILE reg1 < 5 DO
	  reg1 := reg1 + 1;
	  reg2 := reg2 + 1;
	ENDWHILE```	

说明	执行结果 reg1=5, reg2=4	

10. TEST 条件语句

TEST 条件语句指令根据表达式或数据的值，对多分支进行判断，满足表达式值的相关分支将被执行，见表 3.13。

表 3.13　TEST 条件语句指令

格式	TEST *Test data*{CASE *Test value*{,*Test value*}:...}{DEFAULT:...}ENDTEST	
参数	*Test data*	用于比较测试值的数据或表达式
	Test value	条件分支数据值

示例	reg1 := 2;
	TEST reg1
	CASE 1:
	　reg2 := 2;
	CASE 2:
	　reg2 := 3;
	DEFAULT:
	　reg2 := 4;
	ENDTEST	

说明	CASE2 分支被执行，执行结果 reg2=3	

3.2.2　I/O 应用指令

1. PulseDO 设置数字脉冲输出信号

PulseDO 设置数字脉冲输出信号指令输出数字脉冲信号，见表 3.14。

表 3.14　PulseDO 设置数字脉冲输出信号指令

格式	PulseDO *[\High]* *[\PLength]* *Signal*	
参数	*[\High]*	当独立于其当前状态而执行指令时，规定其信号为高
	[\PLength]	num 型数据，脉冲长度
	Signal	Signaldo 型数据，信号名称
示例	PulseDO\PLength:=0.2, do1;	
说明	执行结果，设置 do1 输出 0.2 s 的脉冲	

2. SetDO 设置数字输出信号

SetDO 设置数字输出信号指令设置数字输出信号值，见表 3.15。

表 3.15　**SetDO** 设置数字输出信号指令

格式	SetDO *[\SDelay]* | *[\Sync] Signal Value*	
参数	*[\SDelay]*	num 型数据，将信号值延时输出
	[\Sync]	等待物理信号输出完成后再执行下一指令
	Signal	Signaldo 型数据，信号名称
	Value	Signaldo 型数据，信号值
示例	`SetDO do1, 1;`	
说明	设定数字输出信号 do1 的值为 1	

3.3　程序编写

3.3.1　程序创建

例行程序创建的操作步骤，见表 3.16。

❋ 编程示例

表 3.16　例行程序创建的操作步骤

序号	图片示例	操作步骤
1	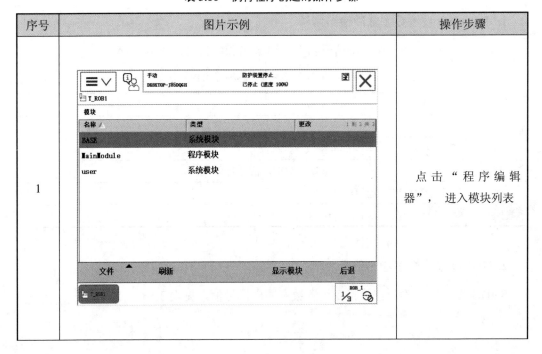	点击"程序编辑器"，进入模块列表

续表 3.16

序号	图片示例	操作步骤
2	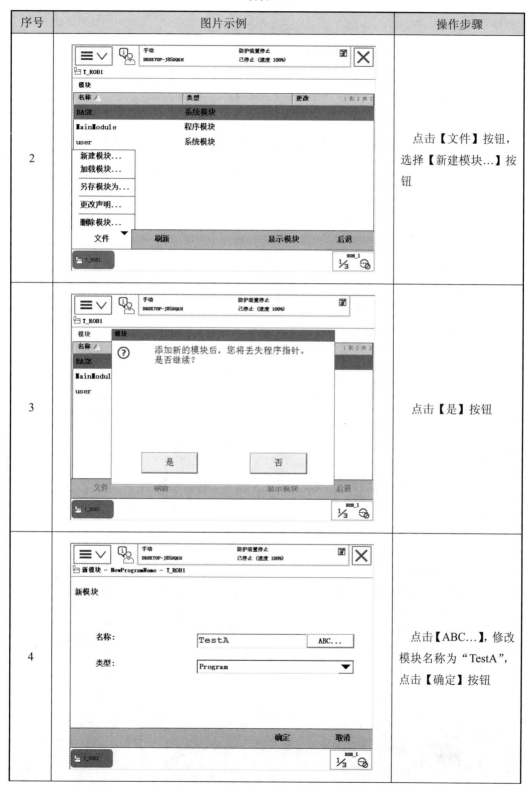	点击【文件】按钮,选择【新建模块...】按钮
3		点击【是】按钮
4		点击【ABC...】,修改模块名称为"TestA",点击【确定】按钮

续表 3.16

序号	图片示例	操作步骤
5	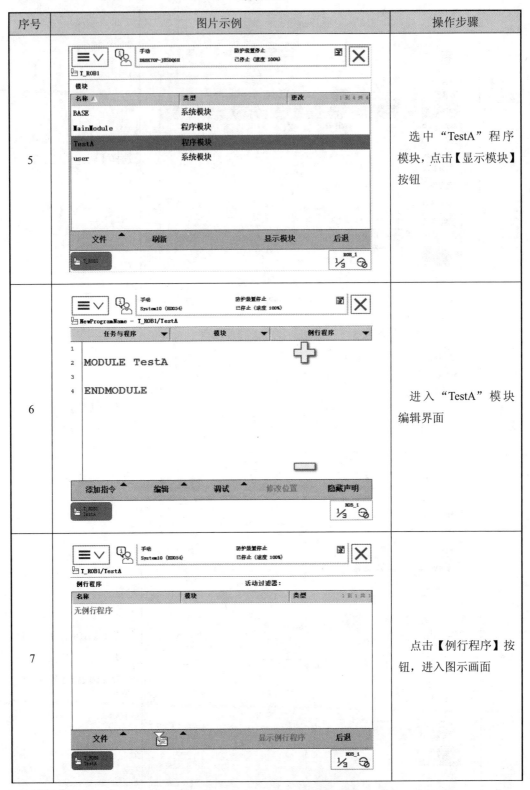	选中"TestA"程序模块，点击【显示模块】按钮
6		进入"TestA"模块编辑界面
7		点击【例行程序】按钮，进入图示画面

续表 3.16

序号	图片示例	操作步骤
8		点击【文件】按钮，选择【新建例行程序...】按钮
9		点击【ABC...】按钮，修改例行程序名称
10		将例行程序名称修改为"HRG"，点击【确定】按钮

续表 3.16

序号	图片示例	操作步骤
11	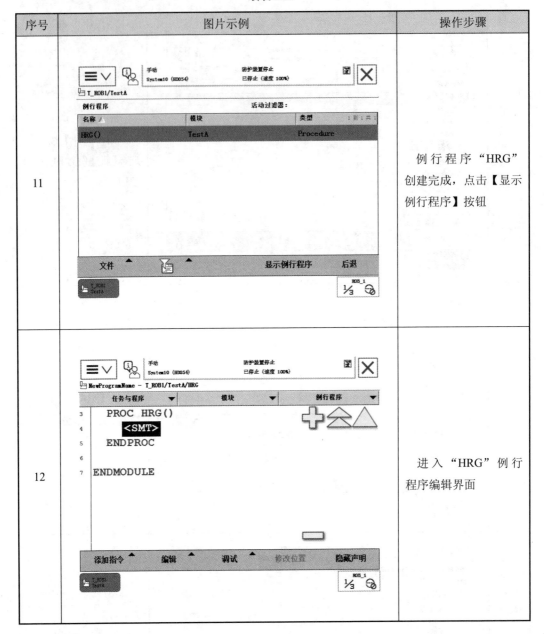	例行程序"HRG"创建完成，点击【显示例行程序】按钮
12		进入"HRG"例行程序编辑界面

3.3.2　程序编辑

程序编辑器菜单中的编辑项主要用于程序复制、剪切、粘贴等编辑操作，如图 3.4 所示。

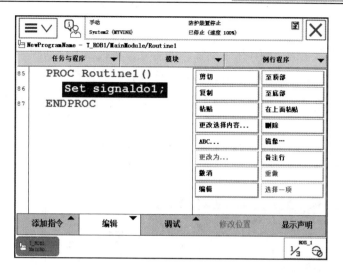

图 3.4　程序编辑菜单

程序编辑菜单中各菜单项含义说明见表 3.17。

表 3.17　程序编辑菜单中各菜单项含义说明

序号	图例	说　　明
1	剪切	将选择内容剪切到剪切板
2	复制	将选择内容复制到剪切板
3	粘贴	默认粘贴内容在光标下面
4	在上面粘贴	粘贴内容在光标上面
5	至顶部	光标到第一页
6	至底部	光标到最后一页
7	更改选择内容…	弹出待更改的变量
8	删除	删除选择内容
9	ABC…	弹出键盘，修改当前选中的内容
10	更改为 MoveL	将 MoveJ 指令更改为 MoveL；将 MoveL 指令修改为 MoveJ
11	备注行	将选择内容改为注释且不被程序执行
12	撤消	撤销当前操作，最多可撤销 3 步
13	重做	恢复当前操作，最多可恢复 3 步
14	编辑	进行多行选择

1. 添加指令

可以通过示教器上的摇柄，用手动操作的方式，将机器人移动到一个合适的位置和姿态。选择合适指令（如 MoveJ、MoveL 等），修改相应的参数，即可使机器人自动记录当前点的位置姿态。本章节以添加 MoveJ 指令为例，演示添加 MoveJ 指令的操作步骤，见表 3.18。

表 3.18　添加 MoveJ 指令的操作步骤

序号	图片示例	操作步骤
1	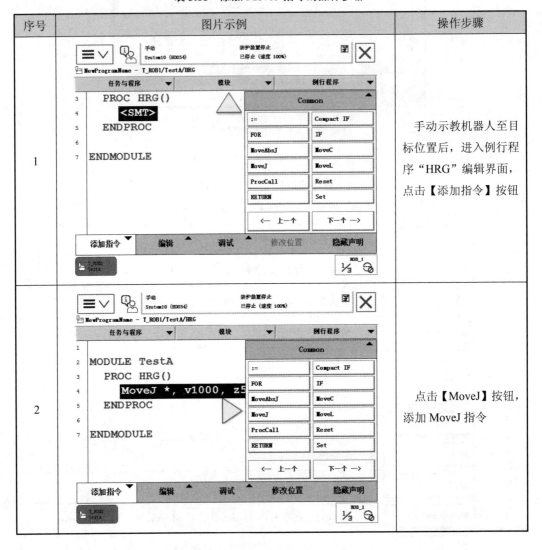	手动示教机器人至目标位置后，进入例行程序"HRG"编辑界面，点击【添加指令】按钮
2		点击【MoveJ】按钮，添加 MoveJ 指令

2. 修改指令

选中需要修改的位置姿态指令或指令中的单一变量，在编辑菜单中点击【更改选择内容】按钮，进入选择变量值界面。以修改表 3.18 中的 MoveJ 指令为例，修改指令的操作步骤见表 3.19。

表 3.19 修改 MoveJ 指令的操作步骤

序号	图片示例	操作步骤
1	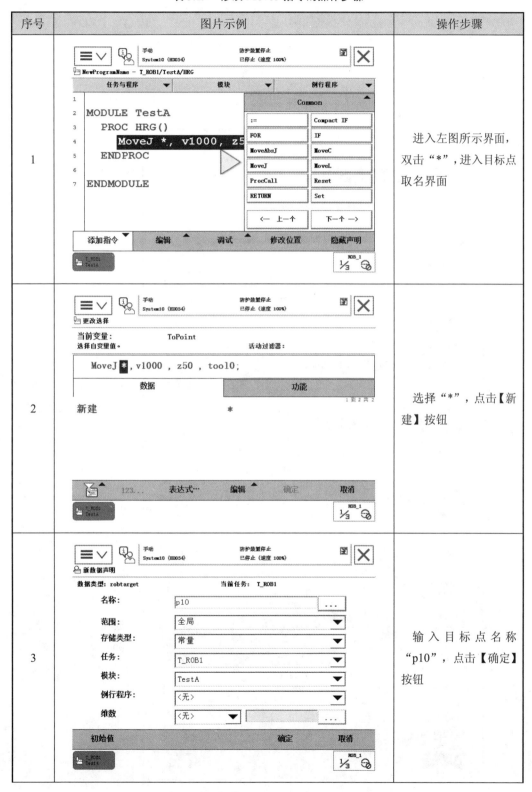	进入左图所示界面，双击"*"，进入目标点取名界面
2		选择"*"，点击【新建】按钮
3		输入目标点名称"p10"，点击【确定】按钮

续表 **3.19**

序号	图片示例	操作步骤
4	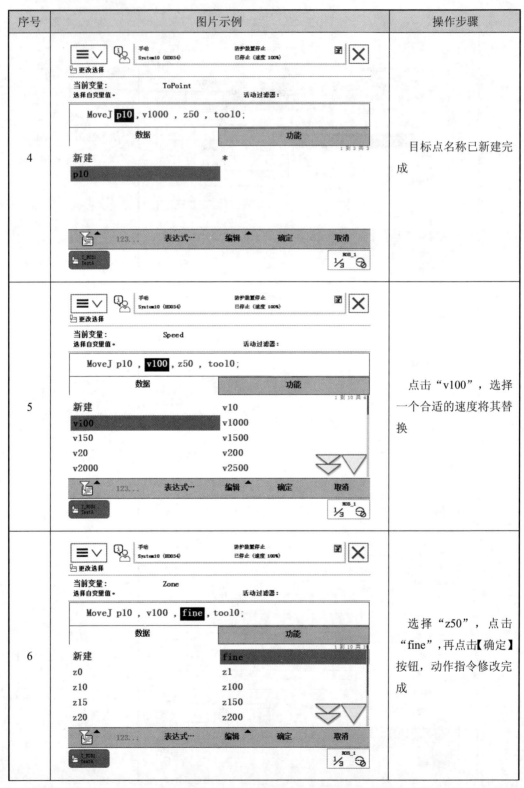	目标点名称已新建完成
5		点击"v100",选择一个合适的速度将其替换
6		选择"z50",点击"fine",再点击【确定】按钮,动作指令修改完成

续表 3.19

序号	图片示例	操作步骤
7	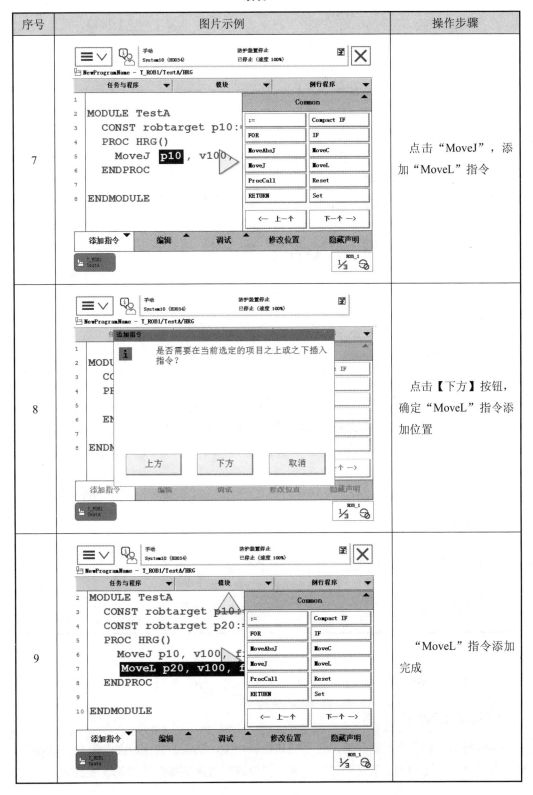	点击"MoveJ",添加"MoveL"指令
8		点击【下方】按钮,确定"MoveL"指令添加位置
9		"MoveL"指令添加完成

3. 删除指令

选择机器人需要删除的位置姿态指令，在编辑菜单中选择【删除】按钮，机器人就会自动删除当前的位置姿态指令，删除指令的操作步骤见表 3.20。

表 3.20　删除指令的操作步骤

序号	图片示例	操作步骤
1	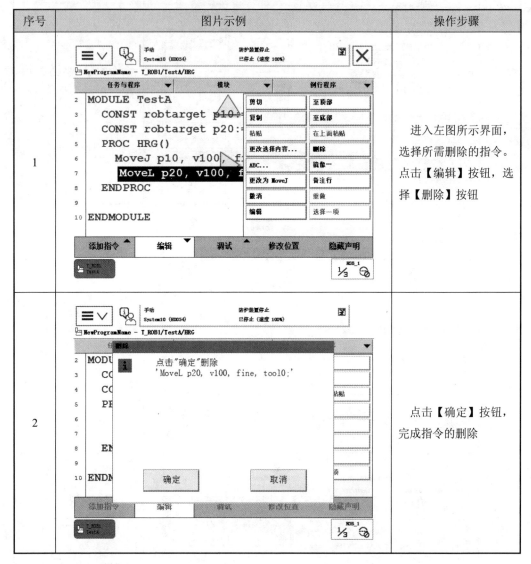	进入左图所示界面，选择所需删除的指令。点击【编辑】按钮，选择【删除】按钮
2		点击【确定】按钮，完成指令的删除

3.3.3　程序修改

1. 复制例行程序

将选择的例行程序复制一份，放置到其他模块中，默认的名称后面会带有"Copy"，也可以通过点击【ABC...】按钮进行改名，复制例行程序的操作步骤见表 3.21。

表 3.21　复制例行程序的操作步骤

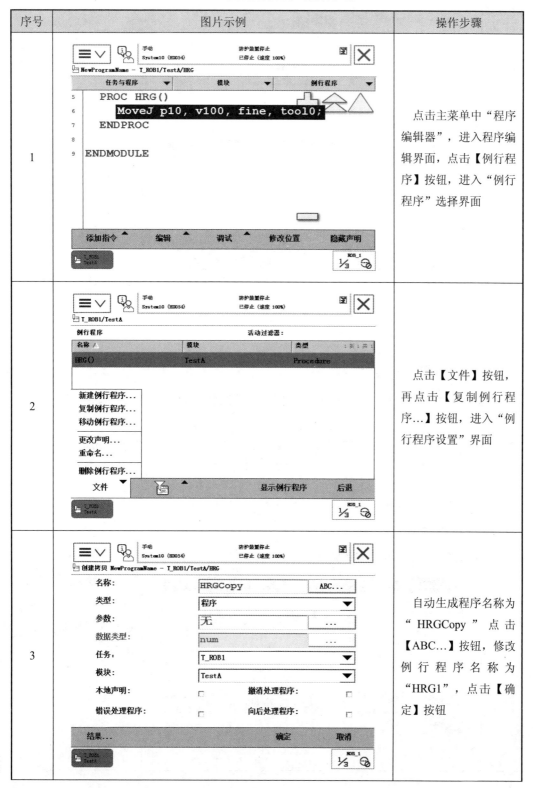

序号	图片示例	操作步骤
1		点击主菜单中"程序编辑器",进入程序编辑界面,点击【例行程序】按钮,进入"例行程序"选择界面
2		点击【文件】按钮,再点击【复制例行程序...】按钮,进入"例行程序设置"界面
3		自动生成程序名称为"HRGCopy"点击【ABC...】按钮,修改例行程序名称为"HRG1",点击【确定】按钮

续表 3.21

序号	图片示例	操作步骤
4	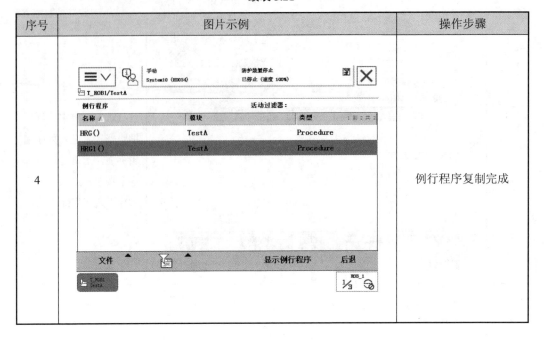	例行程序复制完成

2. 删除例行程序

删除例行程序可用来将所选择的例行程序移除控制器，操作步骤见表 3.22。

表 3.22　删除例行程序的操作步骤

序号	图片示例	操作步骤
1	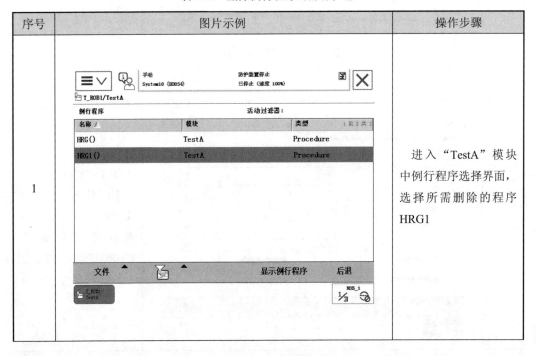	进入"TestA"模块中例行程序选择界面，选择所需删除的程序 HRG1

续表 3.22

序号	图片示例	操作步骤
2	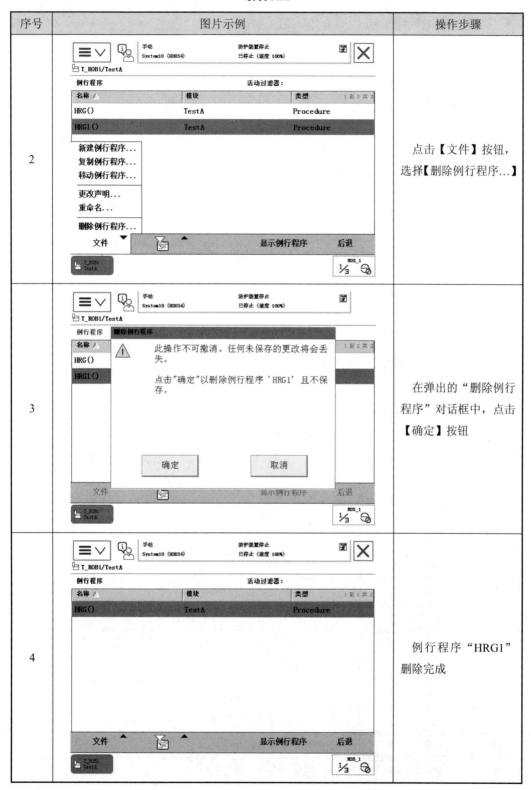	点击【文件】按钮，选择【删除例行程序...】
3		在弹出的"删除例行程序"对话框中，点击【确定】按钮
4		例行程序"HRG1"删除完成

3.4　程序运行

3.4.1　单步运行

在程序编辑页面，点击【调试】按钮可以对程序进行各种调试操作，调试菜单如图 3.5 所示。

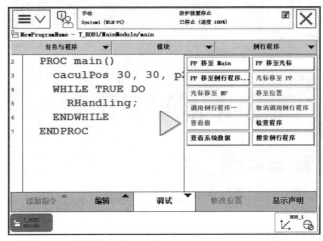

图 3.5　调试菜单

调试菜单中各菜单项含义说明见表 3.23。

表 3.23　调试菜单中各菜单项含义说明

序号	图例	说　　明
1	PP 移至 Main	将程序指针移至主程序
2	PP 移至光标	将程序指针移至光标处
3	PP 移至例行程序…	将程序指针移至指定例行程序
4	光标移至 PP	将光标移至程序指针处
5	光标移至 MP	光标移至动作指针处
6	移至位置	机器人移动至当前光标位置处
7	调用例行程序…	调用任务中预定义的例行程序
8	取消调用例行程序	取消调用例行程序
9	查看值	查看变量数据数值
10	检查程序	检查程序是否有错误
11	查看系统数据	查看系统数据数值
12	搜索例行程序	搜索任务中的例行程序

例行程序单步运行的操作步骤，见表 3.24。

表 3.24　例行程序单步运行的操作步骤

序号	图片示例	操作步骤
1	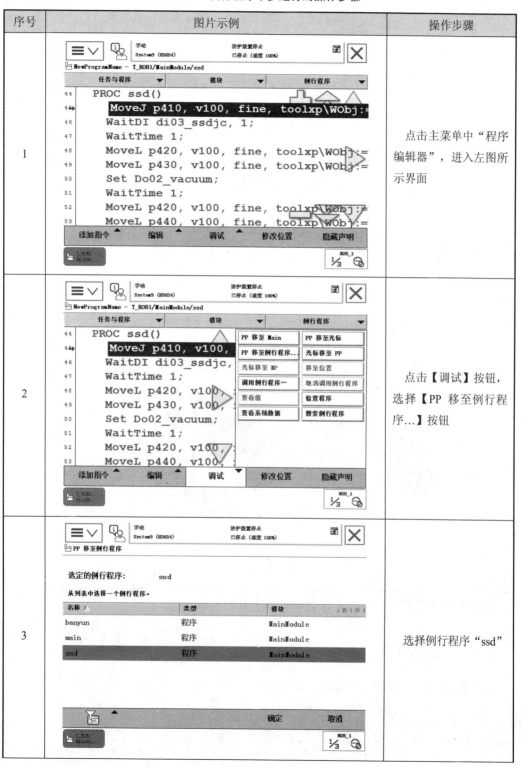	点击主菜单中"程序编辑器"，进入左图所示界面
2		点击【调试】按钮，选择【PP 移至例行程序…】按钮
3		选择例行程序"ssd"

续表 3.24

序号	图片示例	操作步骤
4	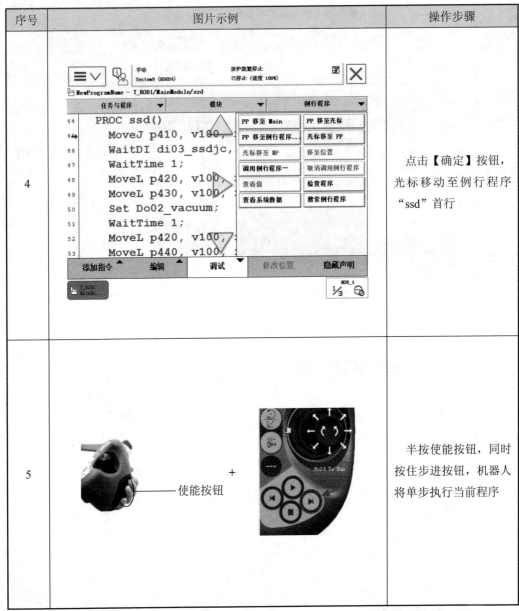	点击【确定】按钮，光标移动至例行程序"ssd"首行
5	使能按钮 + Hold To Run	半按使能按钮，同时按住步进按钮，机器人将单步执行当前程序

注：程序单步执行的前提是控制器处于手动模式。

3.4.2 自动运行

例行程序自动运行的操作步骤，见表 3.25。

表 3.25　例行程序自动运行的操作步骤

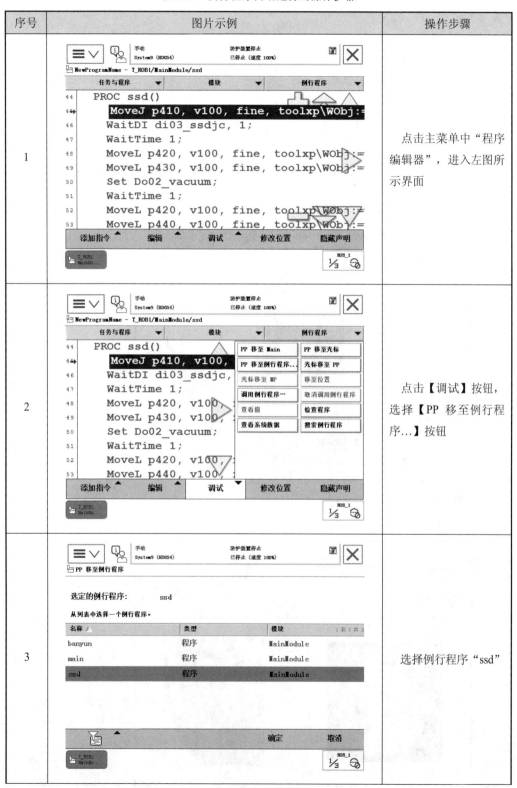

序号	图片示例	操作步骤
1		点击主菜单中"程序编辑器"，进入左图所示界面
2		点击【调试】按钮，选择【PP 移至例行程序…】按钮
3		选择例行程序"ssd"

续表 3.25

序号	图片示例	操作步骤
4	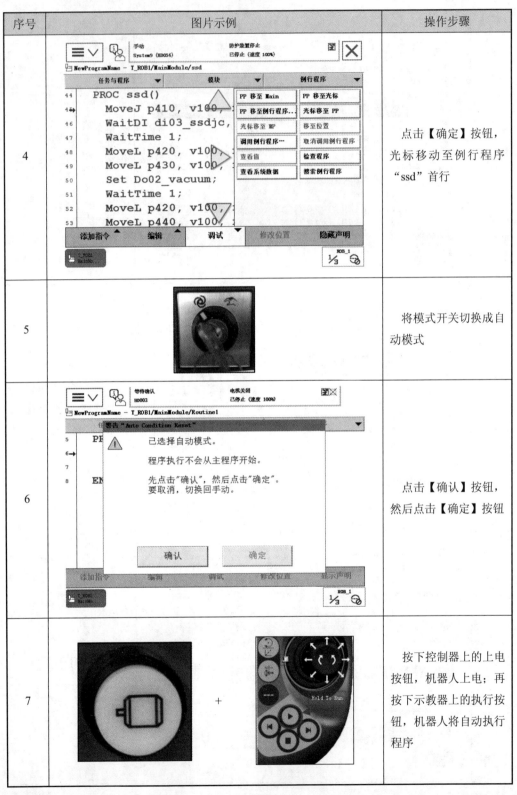	点击【确定】按钮，光标移动至例行程序"ssd"首行
5		将模式开关切换成自动模式
6		点击【确认】按钮，然后点击【确定】按钮
7		按下控制器上的上电按钮，机器人上电；再按下示教器上的执行按钮，机器人将自动执行程序

第4章 离线编程与虚拟仿真技术基础

4.1 离线编程与虚拟仿真技术概述

离线编程可以在不消耗任何实际生产资源的情况下对实际生产过程进行动态模拟。在项目设计阶段利用该技术可优化产品设计,通过虚拟装配避免或减少物理模型的制作,缩短开发周期,降低成本;同时通过建立数字工厂仿真模型,可直观地展示工厂、生产线、产品虚拟样品以及整个生产过程,为员工培训、实际生产制造和方案评估带来便捷。

❉ 离线编程与仿真软件概述

4.1.1 离线编程仿真软件简介

目前市场上有多款离线编程仿真软件,如法国 Dassault Systemes 公司的"DELMIA",以色列 Compucraft 公司的"RobotWorks",日本 FANUC 公司的"RoboGuide",瑞士 ABB 公司的"RobotStudio"。

本书基于 RobotStudio,从工业机器人应用实际出发,由易到难展现了工业机器人离线编程技术在多个领域的应用。RobotStudio 是一款计算机应用程序,用于机器人单元的建模、离线创建和仿真。

RobotStudio 允许用户在计算机上运行本地的虚拟 IRC5 控制器,这种离线控制器也称为虚拟控制器(VC)。连接虚拟 IRC5 控制器时编程,RobotStudio 处于离线模式;连接真实 IRC5 控制器时编程,RobotStudio 处于在线模式。

4.1.2 仿真软件安装

进入 ABB 官网下载仿真软件。将下载的软件压缩包(图 4.1)解压后,打开文件夹,双击 setup.exe 图标(图 4.2),按照提示安装软件。

图 4.1 软件压缩包

图 4.2 安装程序

为了确保 RobotStudio 能够顺利安装，建议计算机系统配置见表 4.1。

表 4.1　系统配置要求

硬件	要　　求
CPU	主频 2.0 GHz 或以上
内存	3 G 以上（Windows 32-bit）、8 G 以上（Windows 64-bit）
硬盘	空闲 10 GB 以上
显卡	独立显卡
操作系统	Microsoft Windows 7 SP1 以上

待软件安装完成后，电脑桌面出现对应的 2 个快捷图标（图 4.3）。本书以 RobotStudio 6.08 版本为基础进行相关应用介绍。

图 4.3　快捷图标

4.1.3　软件界面认知

RobotStudio 的软件主界面如图 4.4 所示，界面中部是工作站加载的 3D 模型视图，此外还有功能选项卡区、按钮区、输出窗口区、运动指令栏等。

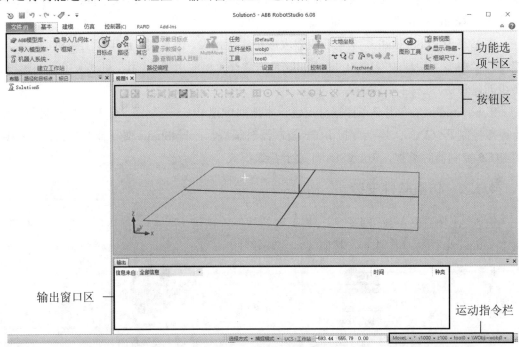

图 4.4　软件主界面

1. 功能选项卡区

功能选项卡区分为文件选项卡、基本选项卡、建模选项卡、仿真选项卡、控制器选项卡、RAPID 选项卡、Add-Ins 选项卡。

（1）文件选项卡。

打开 RobotStudio 后台视图，其中显示当前活动的工作站的信息和原始数据、列出最近打开的工作站并提供一系列用户选项（包含创建新工作站、创建机器人系统、连接到服务器、将工作站另存为查看器等）。文件选项卡如图 4.5 所示。

RobotStudio 将解决方案定义为文件夹的总称，其中包含工作站、库和所有相关元素的结构。解决方案文件夹包含下列文件夹和文件：

①工作站：作为解决方案的一部分而创建的工作站。

②系统：作为解决方案的一部分而创建的虚拟控制器。

③库：在工作站中使用的用户自定义库。

④解决方案文件：打开此文件会打开解决方案。

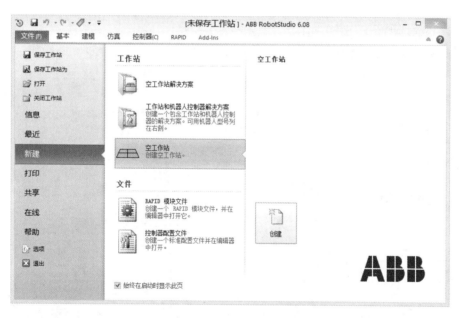

图 4.5　文件选项卡

（2）基本选项卡。

基本选项卡包含搭建工作站、创建系统、编程路径和用于摆放物体的控件，如图 4.6 所示。

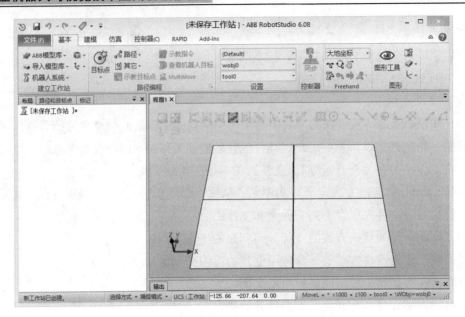

图 4.6　基本选项卡

（3）建模选项卡。

建模选项卡包含创建和分组组件、创建部件、测量以及进行 CAD 相关操作，如图 4.7 所示。

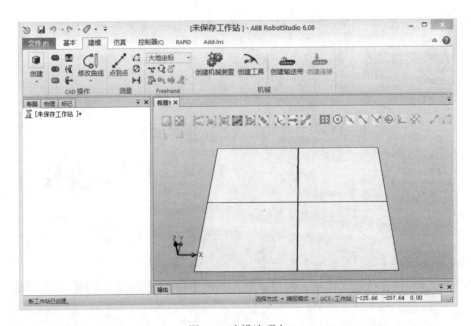

图 4.7　建模选项卡

（4）仿真选项卡。

仿真选项卡包括创建、配置、控制、监控和记录仿真的相关控件，如图 4.8 所示。

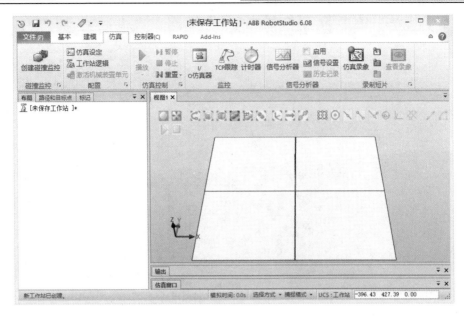

图 4.8　仿真选项卡

（5）控制器选项卡。

控制器选项卡包含用于管理真实控制器的控制措施，以及用于虚拟控制器的同步、配置和分配给它的任务的控制措施，如图 4.9 所示。

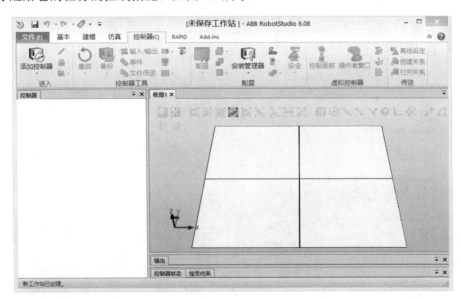

图 4.9　控制器选项卡

（6）RAPID 选项卡。

RAPID 选项卡提供了用于创建、编辑和管理 RAPID 程序的工具和功能。用户可以管理真实控制器上的在线 RAPID 程序、虚拟控制器的离线 RAPID 程序，如图 4.10 所示。

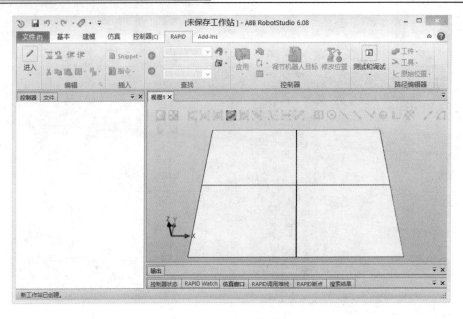

图 4.10　RAPID 选项卡

（7）Add-Ins 选项卡。

Add-Ins 选项卡包含 PowerPac、迁移备份和齿轮箱热量预测控件。插件浏览器显示已安装的 PowerPac 等常规插件，Add-Ins 选项卡如图 4.11 所示。

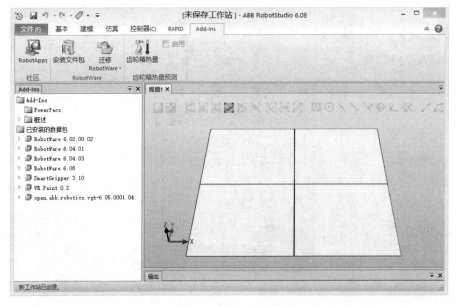

图 4.11　Add-Ins 选项卡

2. 按钮区

按钮区为视图上方的快捷菜单，按钮区说明见表 4.2。

表 4.2 按钮区说明

序号	标识	名称	说　明
1		查看全部	查看工作组中的所有对象
2		查看中心	用于设置旋转视图的中心点
3		选择曲线	选择曲线
4		选择表面	选择表面
5		选择物体	选择物体
6		选择部件	选择部件
7		选择机械装置	选择机械装置
8		选择组	选择组
9		选择目标点/框架	选择目标点或框架
10		移动指令选择	选择移动指令级别
11		路径选择	选择路径
12		捕捉对象	捕捉中心、中点和末端
13		捕捉中心	捕捉中心点
14		捕捉中点	捕捉中点
15		捕捉末端	捕捉末端或角位
16		捕捉边缘	捕捉边缘点
17		捕捉重心	捕捉重心
18		捕捉本地原点	捕捉对象的本地原点
19		捕捉网格	捕捉用户坐标系（UCS）的网格点
20		点到点	测量两点距离
21		角度	测量两直线的相交角度
22		直径	测量圆的直径
23		最短距离	测量在视图中两个对象的直线距离
24		保持测量	保存之前的测量结果
25		播放	用于启动仿真。此操作将执行在仿真设置中所配置的所有 RAPID 程序
26		停止	仿真停止和复位

3. 输出窗口区

输出窗口区显示工作站内出现的事件的相关信息，例如启动或停止仿真的时间。输出窗口区中的信息对排除工作站故障很有用。

4. 运动指令设定栏

运动指令设定栏可设定运动指令的运动模式、速度、坐标系等参数。

4.2　仿真工作站创建

要完成仿真任务，用户首先需要将涉及的机械模型加载到工作站中，仿真工作站的创建包括以下内容：

（1）机器人导入。

（2）工具安装。

（3）工装创建。

※　仿真工作站创建

4.2.1　机器人导入

在不同的虚拟仿真任务中，用户需要根据任务要求和作业环境，选择合适的机器人型号。导入 IRB 360 机器人的操作步骤见表 4.3。

表 4.3　导入 IRB 360 机器人的操作步骤

序号	图片示例	操作步骤
1		①选择"文件"选项卡，点击【新建】按钮→【工作站和机器人控制器解决方案】按钮； ②修改 RobotWare 为"6.08.00.00"（也可选择其他版本）； ③修改机器人型号为"IRB 360 3 kg 1.13 m"（勾选自定义选项）； ④点击【创建】按钮

续表 **4.3**

序号	图片示例	操作步骤
2	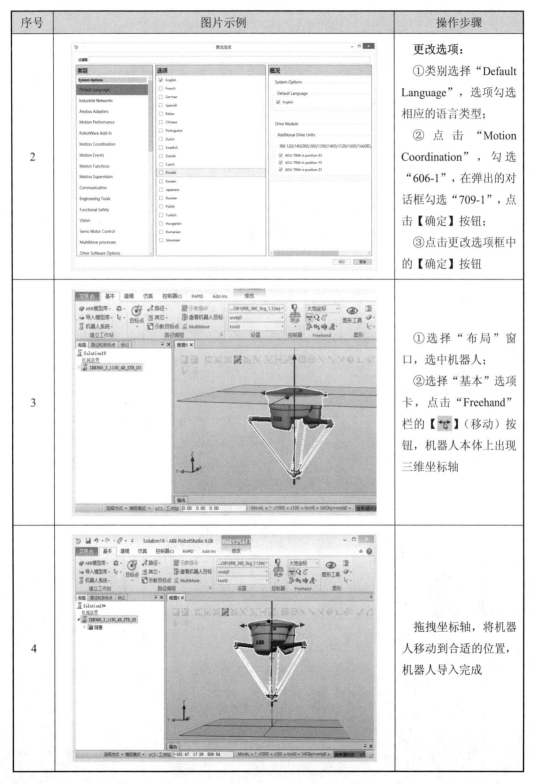	**更改选项：** ①类别选择"Default Language"，选项勾选相应的语言类型； ② 点 击 "Motion Coordination"，勾选"606-1"，在弹出的对话框勾选"709-1"，点击【确定】按钮； ③点击更改选项框中的【确定】按钮
3		①选择"布局"窗口，选中机器人； ②选择"基本"选项卡，点击"Freehand"栏的【⟲】（移动）按钮，机器人本体上出现三维坐标轴
4		拖拽坐标轴，将机器人移动到合适的位置，机器人导入完成

4.2.2　工具安装

针对不同的虚拟仿真任务，用户需要根据任务要求和作业环境选择合适的工具。工具安装的操作步骤见表 4.4。

表 4.4　工具安装的操作步骤

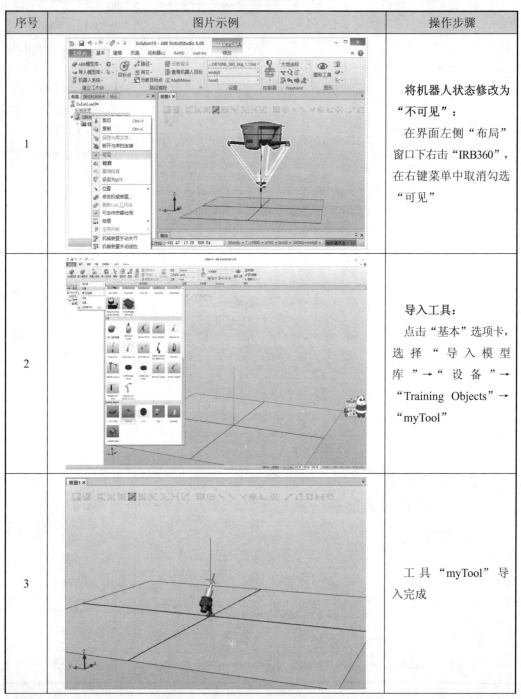

序号	图片示例	操作步骤
1		**将机器人状态修改为"不可见"：** 　在界面左侧"布局"窗口下右击"IRB360"，在右键菜单中取消勾选"可见"
2		**导入工具：** 　点击"基本"选项卡，选择"导入模型库"→"设备"→"Training Objects"→"myTool"
3		工具"myTool"导入完成

续表 4.4

序号	图片示例	操作步骤
4	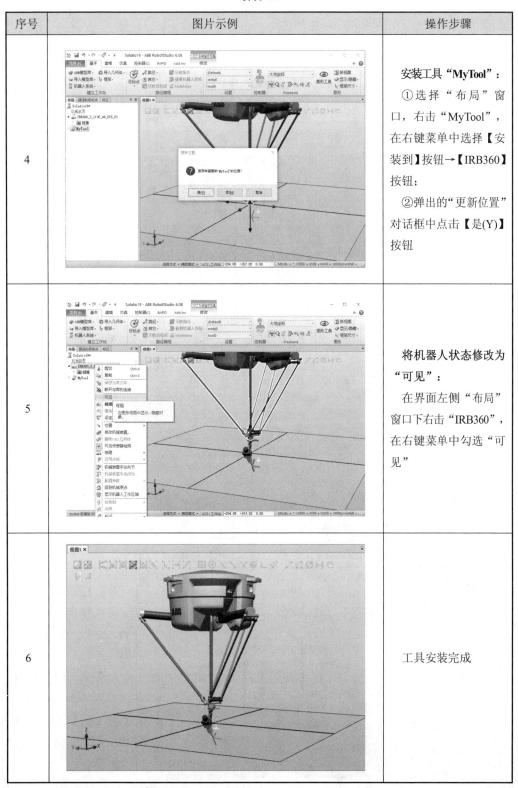	**安装工具"MyTool":** ①选择"布局"窗口,右击"MyTool",在右键菜单中选择【安装到】按钮→【IRB360】按钮; ②弹出的"更新位置"对话框中点击【是(Y)】按钮
5		**将机器人状态修改为"可见":** 在界面左侧"布局"窗口下右击"IRB360",在右键菜单中勾选"可见"
6		工具安装完成

4.2.3　工装创建

针对不同的虚拟仿真任务，用户需要根据任务要求和作业环境选择合适的框架。DELTA 机器人视觉分拣实训工作站创建的操作步骤见表 4.5。

表 4.5　实训工作站创建的操作步骤

序号	图片示例	操作步骤
1		将机器人和工具状态修改为"不可见"： ①在界面左侧"布局"窗口下右击"IRB360_3_1130_4D_STD_03"后文简写为"IRB360"，在右键菜单中取消勾选"可见"； ②在界面左侧"布局"窗口下右击"MyTool"，在右键菜单中取消勾选"可见"
2		浏览几何体： 选择"基本"选项卡，点击【导入几何体】按钮→【浏览几何体…】按钮，在弹出的浏览窗口中选中"分拣工作站"
3		移动工作站： ①选择"布局"窗口，选中"分拣工作站"； ②选择"基本"选项卡，点击"Freehand"栏的【　】（移动）按钮，实训台上出现三维坐标轴

续表 4.5

序号	图片示例	操作步骤
4	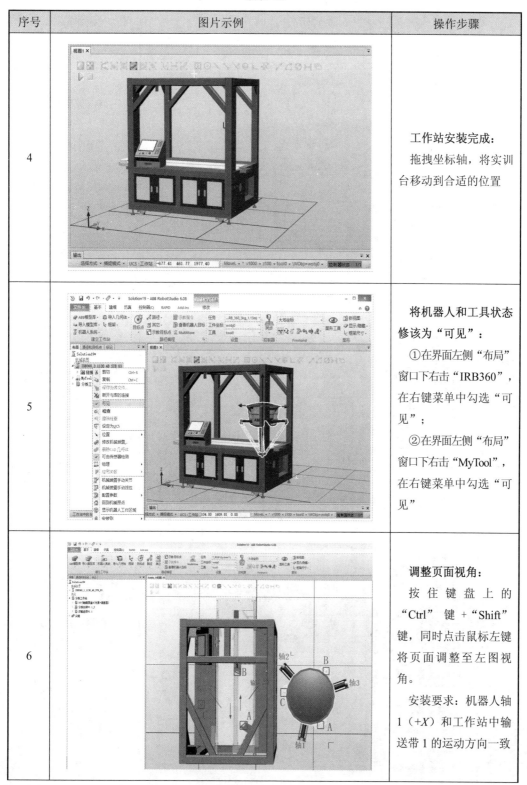	**工作站安装完成：** 拖拽坐标轴，将实训台移动到合适的位置
5		**将机器人和工具状态修该为"可见"：** ①在界面左侧"布局"窗口下右击"IRB360"，在右键菜单中勾选"可见"； ②在界面左侧"布局"窗口下右击"MyTool"，在右键菜单中勾选"可见"
6		**调整页面视角：** 按住键盘上的"Ctrl"键＋"Shift"键，同时点击鼠标左键将页面调整至左图视角。 安装要求：机器人轴1（+X）和工作站中输送带1的运动方向一致

续表 4.5

序号	图片示例	操作步骤
7	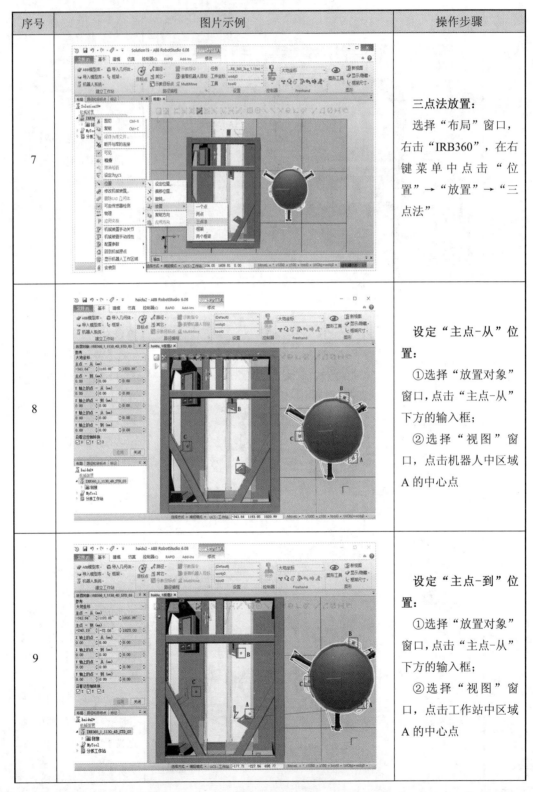	**三点法放置：**　选择"布局"窗口，右击"IRB360"，在右键菜单中点击"位置"→"放置"→"三点法"
8		**设定"主点-从"位置：**　①选择"放置对象"窗口，点击"主点-从"下方的输入框；　②选择"视图"窗口，点击机器人中区域A的中心点
9		**设定"主点-到"位置：**　①选择"放置对象"窗口，点击"主点-从"下方的输入框；　②选择"视图"窗口，点击工作站中区域A的中心点

续表 4.5

序号	图片示例	操作步骤
10	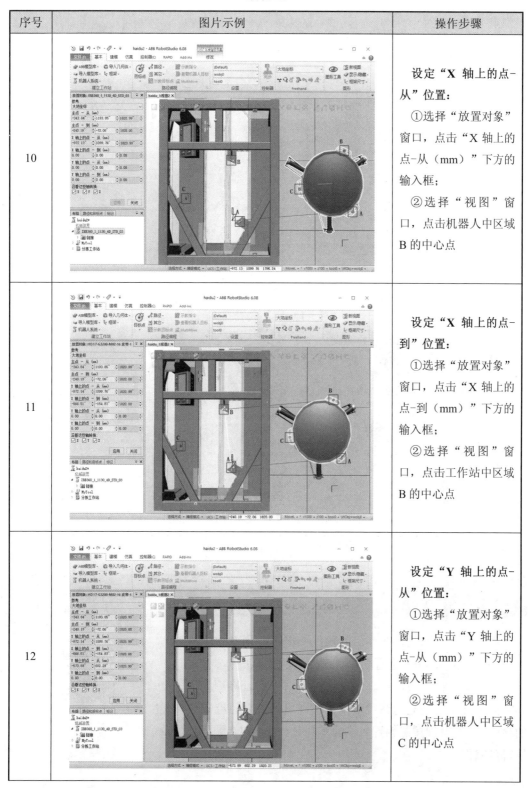	设定"**X** 轴上的点-从"位置: ①选择"放置对象"窗口,点击"X 轴上的点-从(mm)"下方的输入框; ②选择"视图"窗口,点击机器人中区域 B 的中心点
11		设定"**X** 轴上的点-到"位置: ①选择"放置对象"窗口,点击"X 轴上的点-到(mm)"下方的输入框; ②选择"视图"窗口,点击工作站中区域 B 的中心点
12		设定"**Y** 轴上的点-从"位置: ①选择"放置对象"窗口,点击"Y 轴上的点-从(mm)"下方的输入框; ②选择"视图"窗口,点击机器人中区域 C 的中心点

续表 4.5

序号	图片示例	操作步骤
13	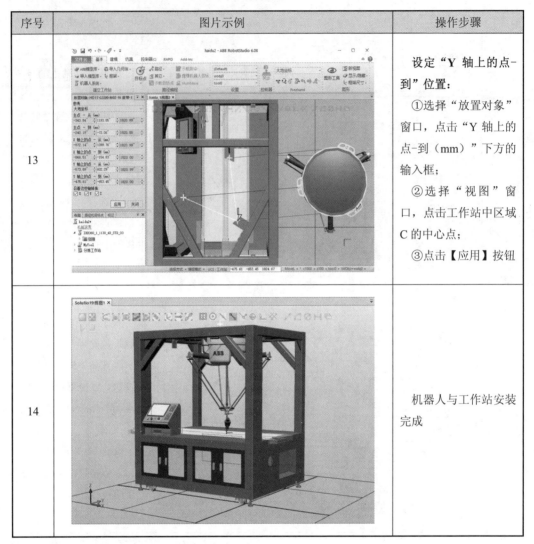	设定"Y 轴上的点-到"位置： ①选择"放置对象"窗口，点击"Y 轴上的点-到（mm）"下方的输入框； ②选择"视图"窗口，点击工作站中区域 C 的中心点； ③点击【应用】按钮
14		机器人与工作站安装完成

4.3　离线编程技术

离线编程技术是指在专门的软件环境下，用专用或通用程序在离线情况下进行机器人轨迹规划编程的一种方法。离线编程技术通过仿真软件将编译产生的目标程序代码转换为真实机器人的路径数据，实现机器人向目标点位的移动。离线编程按照编程风格的不同分为虚拟 TP 编程和编辑器编程。

※ 离线编程技术

4.3.1 虚拟 TP 编程

离线示教编程中较为简单、直观的一种莫过于虚拟 TP 示教编程，其操作方法与真实的示教编程几乎相同。虚拟 TP 示教编程的操作步骤见表 4.6。

表 4.6 虚拟 TP 示教编程的操作步骤

序号	图片示例	操作步骤
1	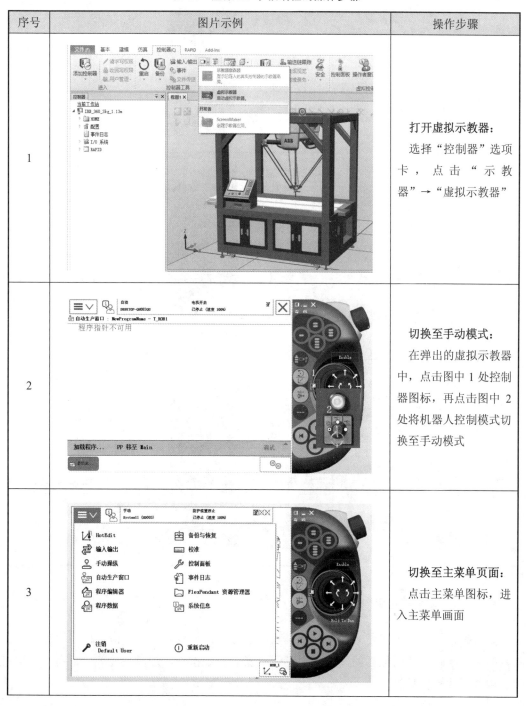	打开虚拟示教器： 选择"控制器"选项卡，点击"示教器"→"虚拟示教器"
2		切换至手动模式： 在弹出的虚拟示教器中，点击图中 1 处控制器图标，再点击图中 2 处将机器人控制模式切换至手动模式
3		切换至主菜单页面： 点击主菜单图标，进入主菜单画面

续表 4.6

序号	图片示例	操作步骤
4	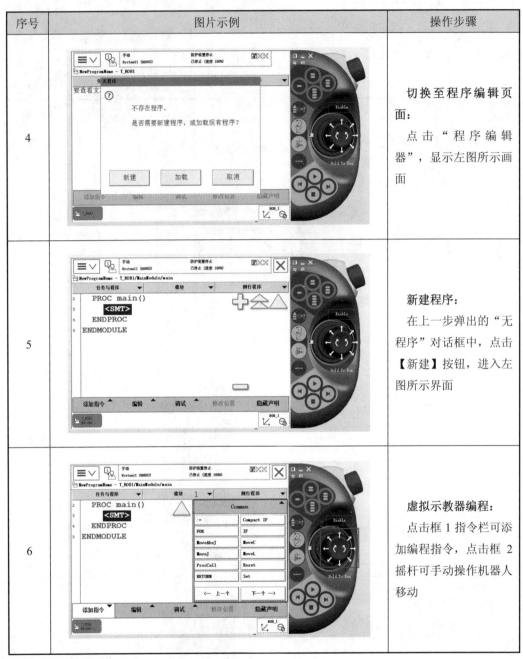	**切换至程序编辑页面：** 点击"程序编辑器"，显示左图所示画面
5		**新建程序：** 在上一步弹出的"无程序"对话框中，点击【新建】按钮，进入左图所示界面
6		**虚拟示教器编程：** 点击框1指令栏可添加编程指令，点击框2摇杆可手动操作机器人移动

4.3.2　编辑器编程

离线编程第二种方式是采用创建仿真程序的方式进行示教编程。仿真程序编辑器是示教器的程序编辑功能简化后的产物，囊括了机器人基本指令、控制指令和I/O指令。编辑器编程的操作步骤见表4.7。

表 4.7　编辑器编程的操作步骤

序号	图片示例	操作步骤
1	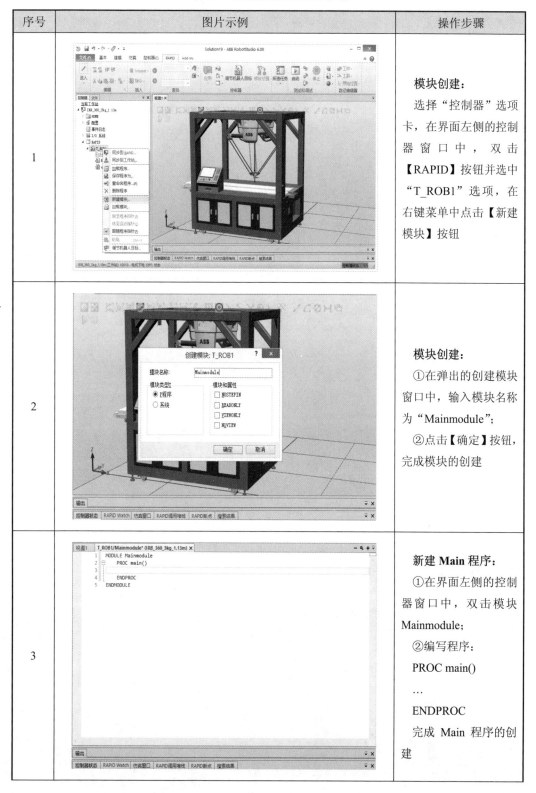	**模块创建：** 选择"控制器"选项卡，在界面左侧的控制器窗口中，双击【RAPID】按钮并选中"T_ROB1"选项，在右键菜单中点击【新建模块】按钮
2		**模块创建：** ①在弹出的创建模块窗口中，输入模块名称为"Mainmodule"； ②点击【确定】按钮，完成模块的创建
3		**新建 Main 程序：** ①在界面左侧的控制器窗口中，双击模块 Mainmodule； ②编写程序： PROC main() … ENDPROC 完成 Main 程序的创建

续表 4.7

序号	图片示例	操作步骤
4	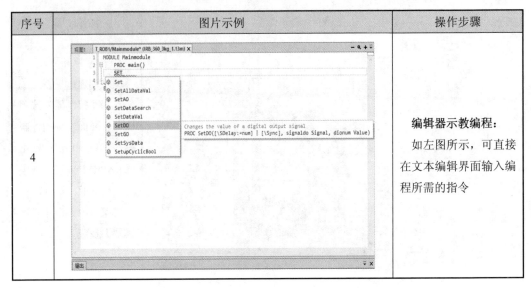	**编辑器示教编程：**　　如左图所示，可直接在文本编辑界面输入编程所需的指令

第2部分 项目应用

第5章
基于示教编程的激光轨迹项目

5.1 项目概况

5.1.1 项目背景

随着光电子技术的飞速发展，切割技术应用范围越来越广泛。传统的切割作业，需要对工件进行严格的测量、划线等一系列复杂的准备工序，不仅浪费时间，而且切割后的工件边缘毛刺多，切口不整齐，切割速度慢。

❋ 工业机器人的激光轨迹项目简介

为了满足高效的生产需求，机器人激光切割技术出现了。机器人激光切割是一种速度快，精度高，切口整齐，性价比高的柔性自动化切割，激光加工与材料表面没有接触，不受机械运动影响，表面不会变形，广泛应用在装饰、汽车、广告、钣金加工等行业。

5.1.2 项目目的

（1）掌握机器人 I/O 创建步骤。
（2）掌握工具坐标系与工件坐标系建立方法。
（3）掌握机器人基本运动指令使用方法。

5.2 项目分析

5.2.1 项目构架

基于示教编程的工业机器人激光轨迹项目包括工业机器人系统、基础模块、尖锥夹具等硬件，项目构架如图 5.1 所示。其中，基础模块为作业对象，工业机器人控制尖锥夹具完成激光轨迹项目的训练。

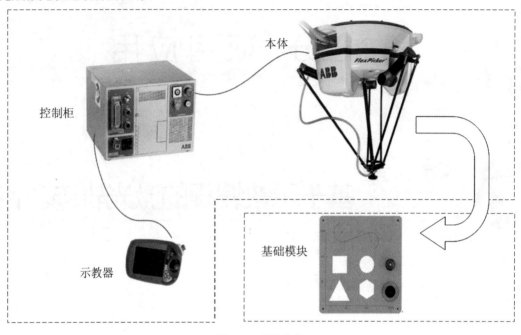

图 5.1　项目构架

5.2.2　项目流程

工业机器人的激光轨迹设计主要包括电气系统设计和程序调试两个部分。其中电气系统设计包含机器人的系统构建；程序调试主要由坐标系标定、路径规划、指令编写等组成。两个部分相互配合，在完成电气系统构建后，可开始程序编写与调试。项目流程如图 5.2 所示。

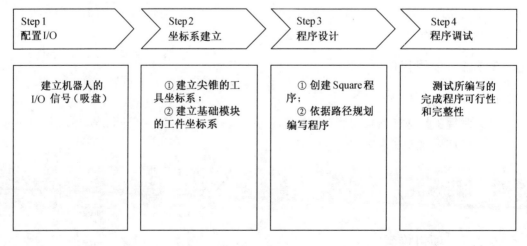

Step 1 配置 I/O	Step 2 坐标系建立	Step 3 程序设计	Step 4 程序调试
建立机器人的 I/O 信号（吸盘）	① 建立尖锥的工具坐标系； ② 建立基础模块的工件坐标系	① 创建 Square 程序； ② 依据路径规划编写程序	测试所编写的完成程序可行性和完整性

图 5.2　项目流程

5.3　项目要点

5.3.1　转弯半径

机器人转弯半径（Zonedata）用于定义机器人轴在朝向下一个移动位置前如何接近编程位置。图 5.3 所示为平滑过渡，若指令 MoveL 在 P20 点设置了转弯半径，则机器人会从 P10 点平滑地过渡到 P30 点。

为了实现平滑过渡等功能，机器人会预读几行代码。而在使用 fine（精准到达）时，程序指针不会预读，即机器人完成当前指令后，才执行下一条指令。图 5.4 所示为精准到达，若指令 MoveL 在 P20 点设置了"fine"，则机器人会从 P10 点运动到 P20 点，再运动到 P30 点。

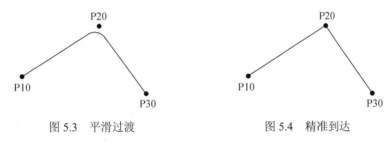

图 5.3　平滑过渡　　　　　　　　图 5.4　精准到达

5.3.2　路径规划

该模块模拟了工业生产中的激光切割的工作模式，以尖锥夹具代替激光切割头，模块上各种形状图案用于轨迹示教。

激光切割路径规划：安全点 P10→正方形第一点 P20→正方形第二点 P30→正方形第三点 P40→正方形第四点 P50→正方形第一点 P20→安全点 P10，如图 5.5 所示。

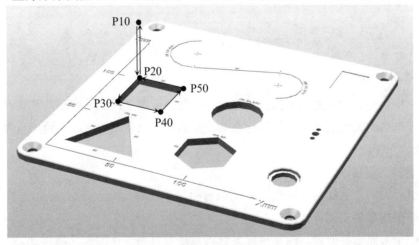

图 5.5　激光切割路径规划

5.3.3　机器人坐标系

机器人坐标系分为：基坐标系、大地坐标系、工具坐标系和工件坐标系。

1. 基坐标系

基坐标系是以机器人安装基座为基准、用来描述机器人本体运动的直角坐标系。任何机器人都离不开基坐标系，也是机器人 TCP 在三维空间运动所必需的基本坐标系。并联机器人基坐标系如图 5.6 所示。

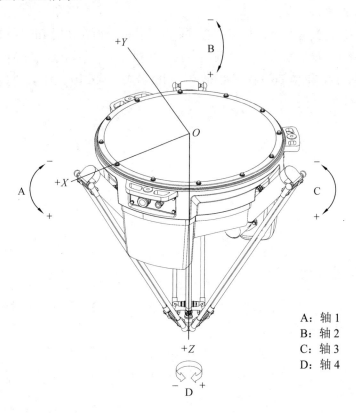

A：轴 1
B：轴 2
C：轴 3
D：轴 4

图 5.6　并联机器人基坐标系

2. 大地坐标系

大地坐标系是以大地为参考的直角坐标系，常用于多个机器人联动的和带有外轴的机器人，并且 90%的大地坐标系与基坐标系都是重合的。以下两种情况大地坐标系与基坐标系不重合：

（1）机器人倒装。

倒装机器人的基坐标与大地坐标 Z 轴的方向是相反的。

（2）带外部轴的机器人。

大地坐标系固定好位置，而基坐标系却可以随着机器整体的移动而移动。

3. 工具坐标系

工具坐标系是以工具中心点作为零点的坐标系，机器人的轨迹参照中心点，不再是机器人手腕中心点 tool0（图 5.7（a）），而是新的工具点（图 5.7（b））。

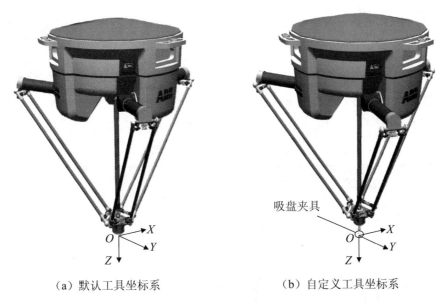

（a）默认工具坐标系　　　　　　　（b）自定义工具坐标系

图 5.7　工具坐标系建立的目的

4. 工件坐标系

工件坐标系是固定于工件上的笛卡尔坐标系，是相对于基准坐标建立的一个新的坐标系，一般将这个坐标系零点定义在工件的基准点上，来表示工件相对于机器人的位置。标定方法相对简单，一般通过示教三个位置点来实现，第一个位置点是工件坐标系的原点；第二个位置点在 X 轴上，第一个位置点到第二个示教点的连线是 X 轴，所指方向为 X 轴正方向；第三个示教点在 Y 轴的正方向区域内；Z 轴由右手定则确定。工件坐标系如图 5.8 所示。

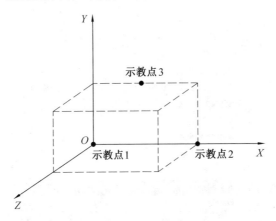

图 5.8　工件坐标系

5.4　项目步骤

5.4.1　I/O 配置

机器人使用尖锥工具完成激光轨迹项目的训练，但是尖锥工具无法直接安装在机器人法兰盘上，需要通过真空吸盘吸取尖锥的方式安装。机器人通过输出信号控制真空吸盘的开启与关闭，信号配置的操作步骤见表 5.1。

※ 工业机器人的激光轨迹项目步骤

表 5.1　信号配置的操作步骤

序号	图片示例	操作步骤
1	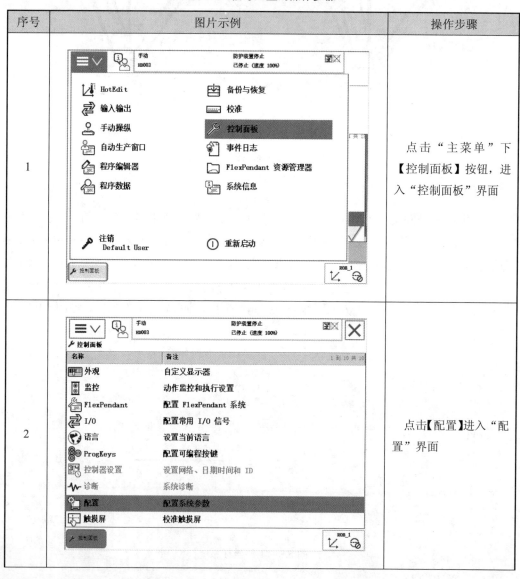	点击"主菜单"下【控制面板】按钮，进入"控制面板"界面
2		点击【配置】进入"配置"界面

续表 5.1

序号	图片示例	操作步骤
3	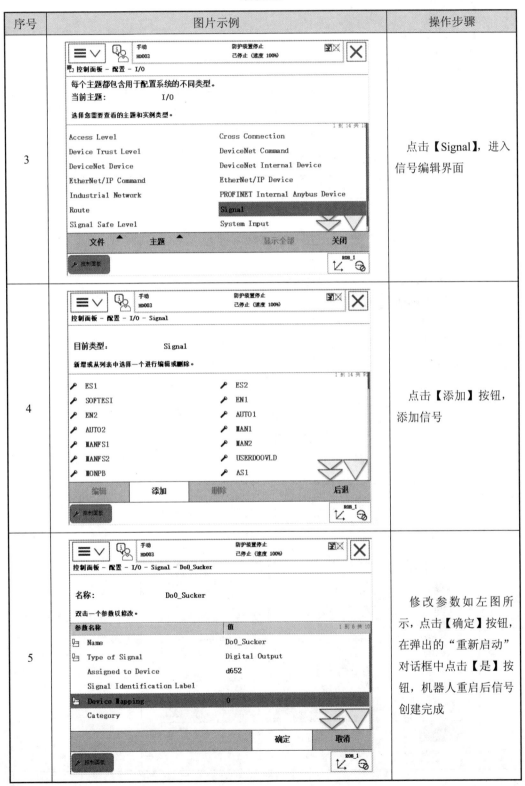	点击【Signal】，进入信号编辑界面
4		点击【添加】按钮，添加信号
5		修改参数如左图所示，点击【确定】按钮，在弹出的"重新启动"对话框中点击【是】按钮，机器人重启后信号创建完成

5.4.2 坐标系建立

1. 工具坐标系建立

DELTA 并联机器人的特殊结构使其无法像六轴机器人一样可以使用多种工具坐标系设置方法。如 ABB DELTA 并联机器人常用的工具坐标系设置方法是直接修改其参数值。已知吸盘高度为 50 mm，尖锥高度为 40 mm，新建尖锥的工具坐标系 tool1 的操作步骤见表 5.2。

表 5.2 新建尖锥工具坐标系 tool1 的操作步骤

序号	图片示例	操作步骤
1	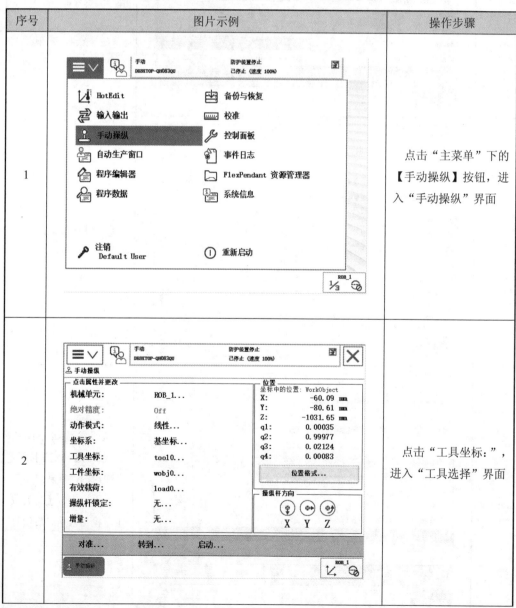	点击"主菜单"下的【手动操纵】按钮，进入"手动操纵"界面
2		点击"工具坐标："，进入"工具选择"界面

续表5.2

序号	图片示例	操作步骤
3		点击【新建...】按钮，进入新建工具坐标系界面
4		点击【确定】按钮完成工具坐标系的创建
5		选中"tool1"，点击【编辑】→【更改值...】，进入编辑界面

续表 5.2

序号	图片示例	操作步骤
6	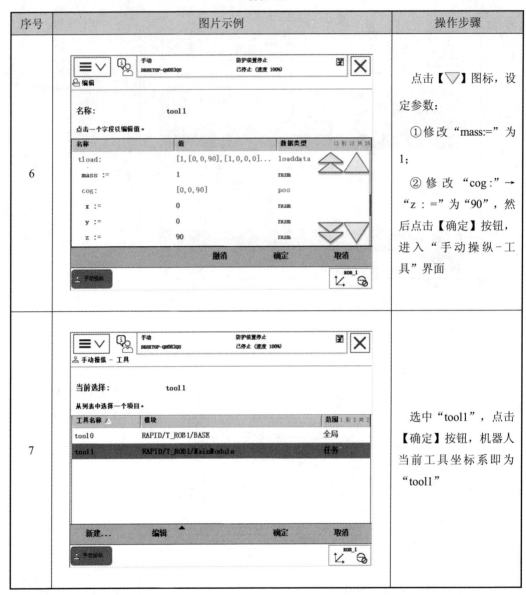	点击【▽】图标，设定参数： ①修改"mass:="为1； ②修改"cog:"→"z：="为"90"，然后点击【确定】按钮，进入"手动操纵-工具"界面
7		选中"tool1"，点击【确定】按钮，机器人当前工具坐标系即为"tool1"

2. 工件坐标系建立

工具坐标系建立完成后，基于基础模块建立工件坐标系"wobj1"，新建工件坐标系的wobj1 的操作步骤见表 5.3。

表 5.3　新建工件坐标系的 wobj1 的操作步骤

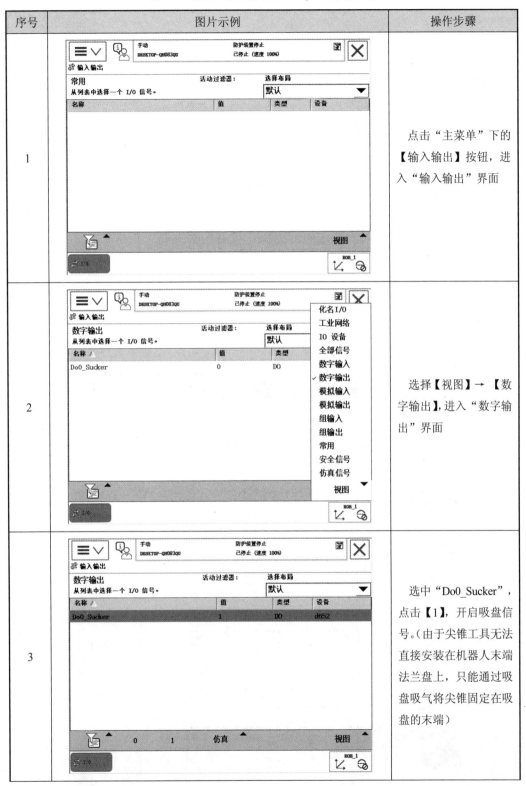

序号	图片示例	操作步骤
1		点击"主菜单"下的【输入输出】按钮，进入"输入输出"界面
2		选择【视图】→【数字输出】,进入"数字输出"界面
3		选中"Do0_Sucker"，点击【1】，开启吸盘信号。（由于尖锥工具无法直接安装在机器人末端法兰盘上，只能通过吸盘吸气将尖锥固定在吸盘的末端）

续表 5.3

序号	图片示例	操作步骤
4	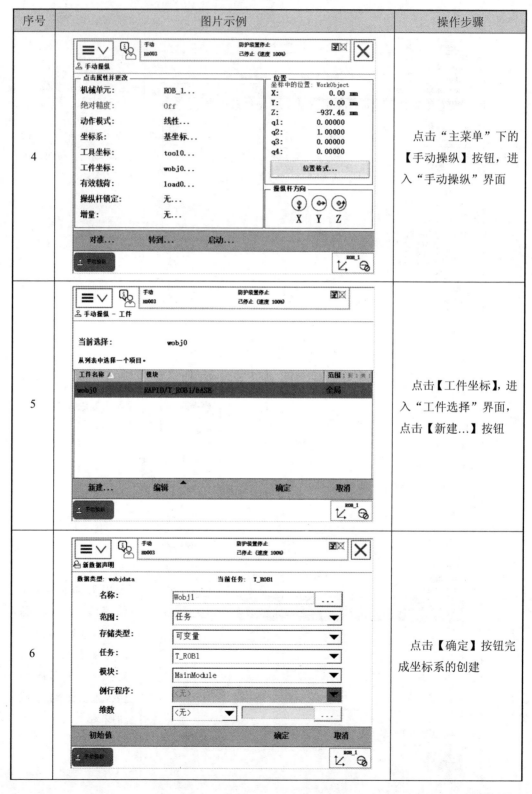	点击"主菜单"下的【手动操纵】按钮,进入"手动操纵"界面
5		点击【工件坐标】,进入"工件选择"界面,点击【新建...】按钮
6		点击【确定】按钮完成坐标系的创建

续表 **5.3**

序号	图片示例	操作步骤
7	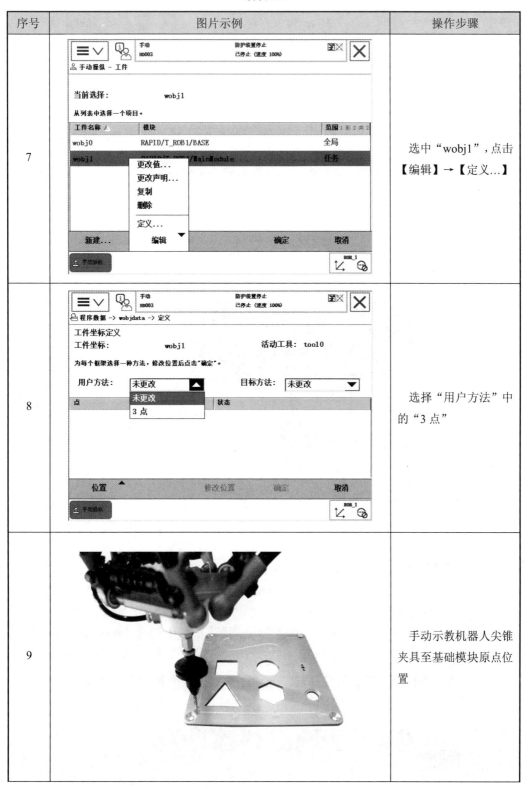	选中"wobj1",点击【编辑】→【定义...】
8		选择"用户方法"中的"3 点"
9		手动示教机器人尖锥夹具至基础模块原点位置

续表 5.3

序号	图片示例	操作步骤
10	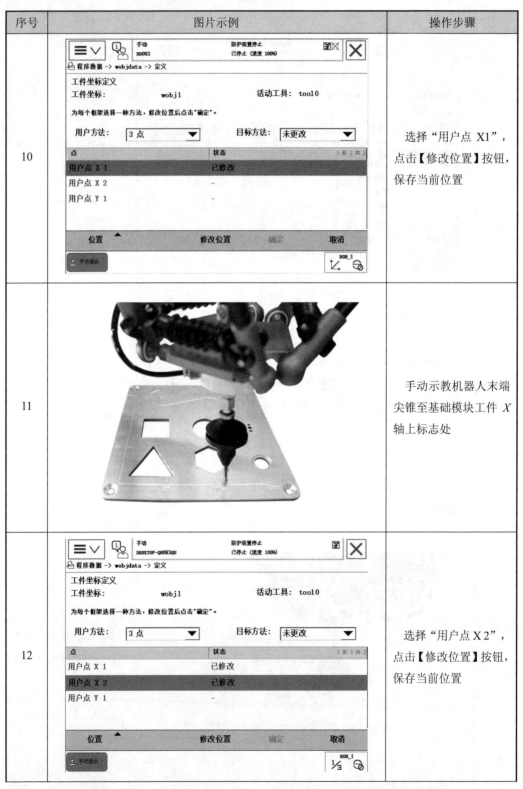	选择"用户点 X1"，点击【修改位置】按钮，保存当前位置
11		手动示教机器人末端尖锥至基础模块工件 X 轴上标志处
12		选择"用户点 X2"，点击【修改位置】按钮，保存当前位置

续表 5.3

序号	图片示例	操作步骤
13	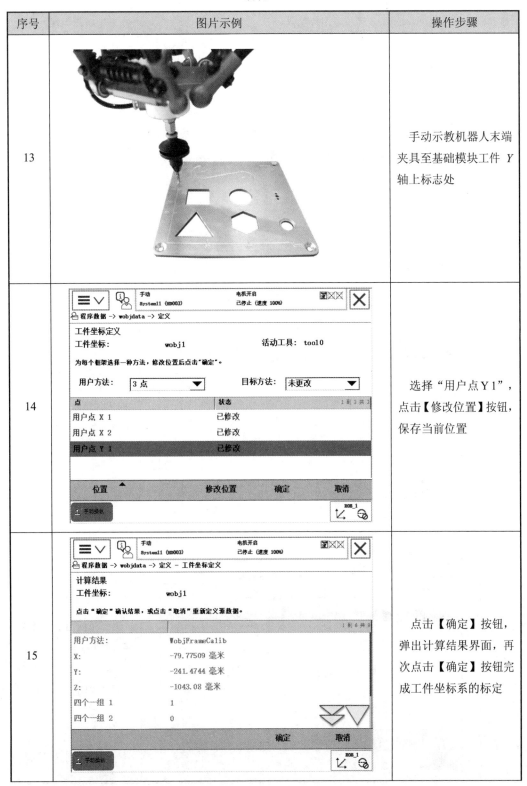	手动示教机器人末端夹具至基础模块工件 *Y* 轴上标志处
14	**工件坐标定义** 工件坐标： wobj1 　　　活动工具： tool0 为每个框架选择一种方法，修改位置后点击"确定"。 用户方法： 3 点 ▼ 　　目标方法： 未更改 ▼ 点 / 状态 1 到 3 共 3 用户点 X 1 　 已修改 用户点 X 2 　 已修改 用户点 Y 1 　 已修改 位置　修改位置　确定　取消	选择"用户点 Y 1"，点击【修改位置】按钮，保存当前位置
15	**计算结果** 工件坐标： wobj1 点击"确定"确认结果，或点击"取消"重新定义源数据。 1 到 6 共 9 用户方法： WobjFrameCalib X: -79.77509 毫米 Y: -241.4744 毫米 Z: -1043.08 毫米 四个一组 1 1 四个一组 2 0 确定　取消	点击【确定】按钮，弹出计算结果界面，再次点击【确定】按钮完成工件坐标系的标定

续表5.3

序号	图片示例	操作步骤
16	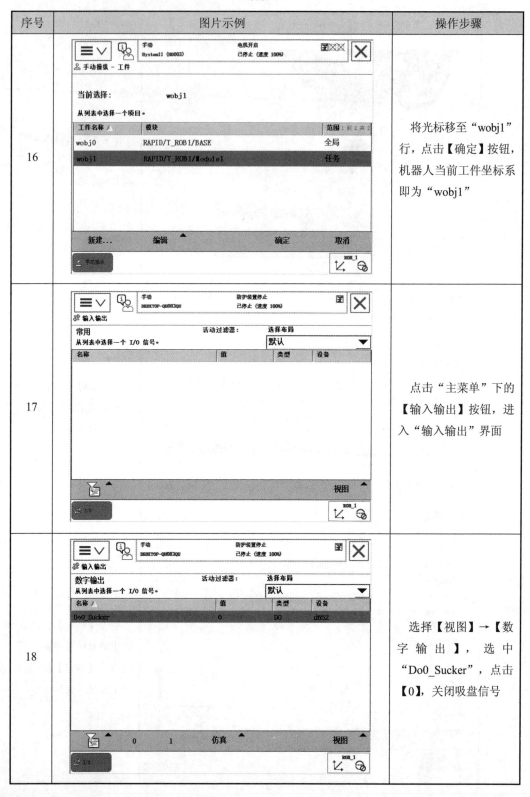	将光标移至"wobj1"行，点击【确定】按钮，机器人当前工件坐标系即为"wobj1"
17		点击"主菜单"下的【输入输出】按钮，进入"输入输出"界面
18		选择【视图】→【数字输出】，选中"Do0_Sucker"，点击【0】，关闭吸盘信号

5.4.3　程序设计

程序设计分为程序创建和程序编写。

1. 程序创建

新建例行程序"Square"的操作步骤见表 5.4。

表 5.4　新建例行程序"Square"的操作步骤

序号	图片示例	操作步骤
1	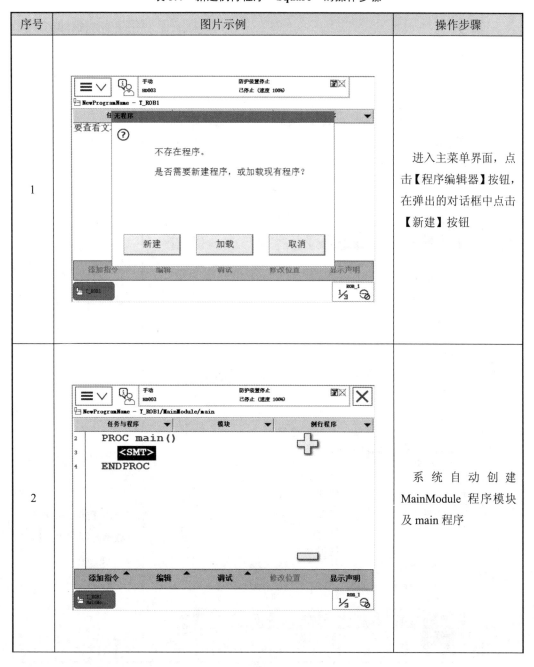	进入主菜单界面，点击【程序编辑器】按钮，在弹出的对话框中点击【新建】按钮
2		系统自动创建 MainModule 程序模块及 main 程序

续表 5.4

序号	图片示例	操作步骤
3	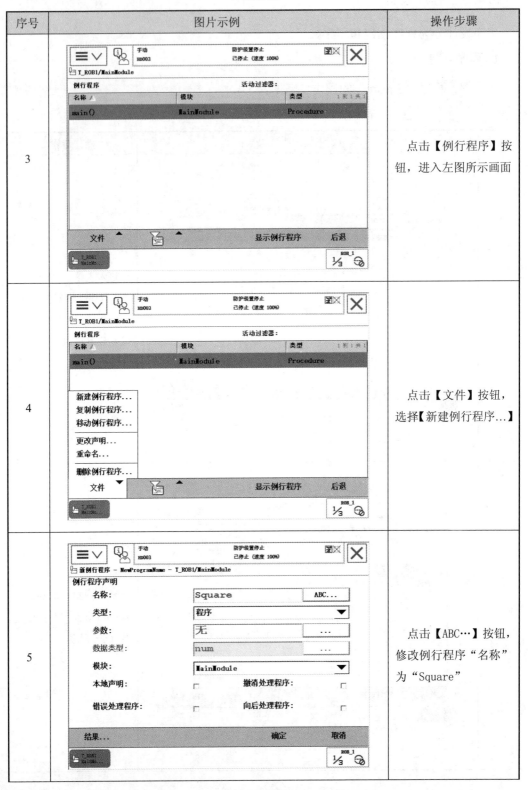	点击【例行程序】按钮，进入左图所示画面
4		点击【文件】按钮，选择【新建例行程序…】
5		点击【ABC…】按钮，修改例行程序"名称"为"Square"

续表 5.4

序号	图片示例	操作步骤
6	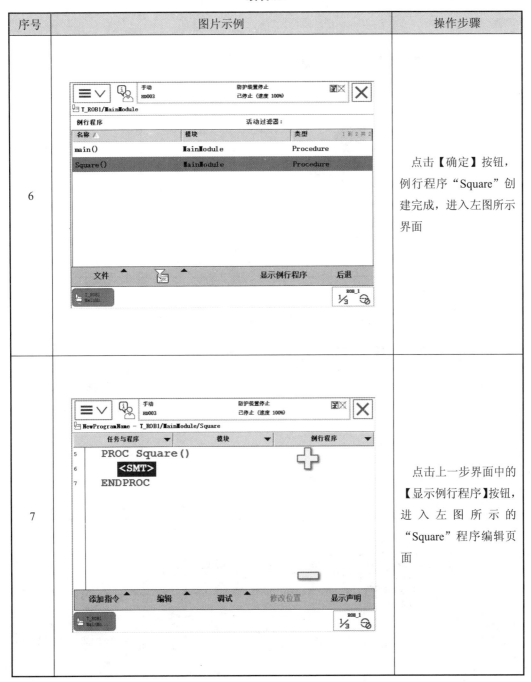	点击【确定】按钮，例行程序"Square"创建完成，进入左图所示界面
7		点击上一步界面中的【显示例行程序】按钮，进入左图所示的"Square"程序编辑页面

2. 程序编写

"Square"例行程序编写的操作步骤见表 5.5。

表 5.5　"Square"例行程序编写的操作步骤

序号	图片示例	操作步骤
1	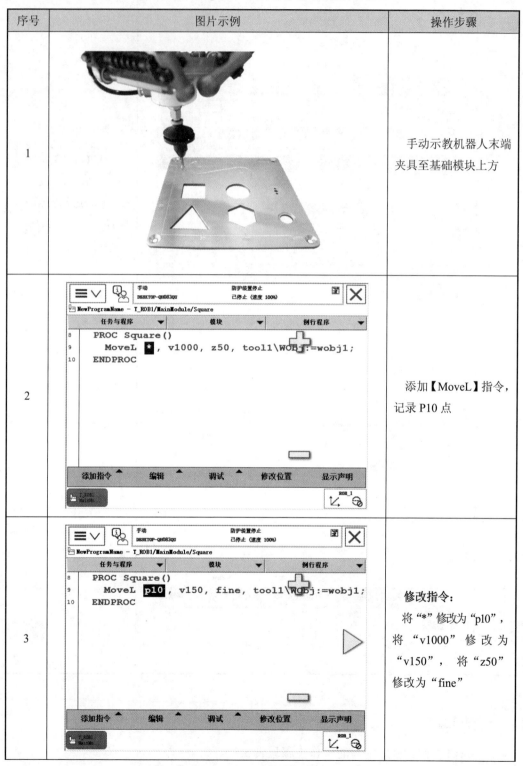	手动示教机器人末端夹具至基础模块上方
2		添加【MoveL】指令，记录 P10 点
3		修改指令： 将"*"修改为"p10"，将"v1000"修改为"v150"，将"z50"修改为"fine"

续表 5.5

序号	图片示例	操作步骤
4	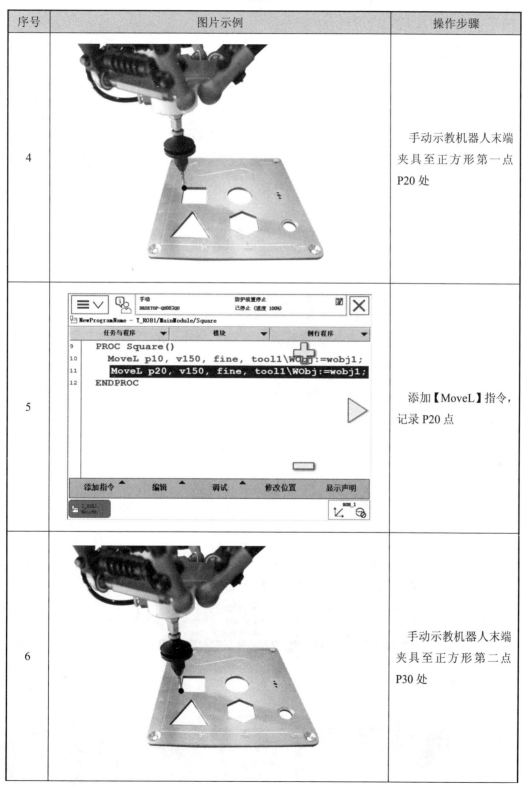	手动示教机器人末端夹具至正方形第一点 P20 处
5	≡∨ 手动 DESKTOP-QH083QU 防护装置停止 已停止（速度 100%） NewProgramName - T_ROB1/MainModule/Square 任务与程序　　模块　　例行程序 9　PROC Square() 10　MoveL p10, v150, fine, tool1\WObj:=wobj1; 11　MoveL p20, v150, fine, tool1\WObj:=wobj1; 12　ENDPROC 添加指令　编辑　调试　修改位置　显示声明 T_ROB1 MainMo…	添加【MoveL】指令，记录 P20 点
6	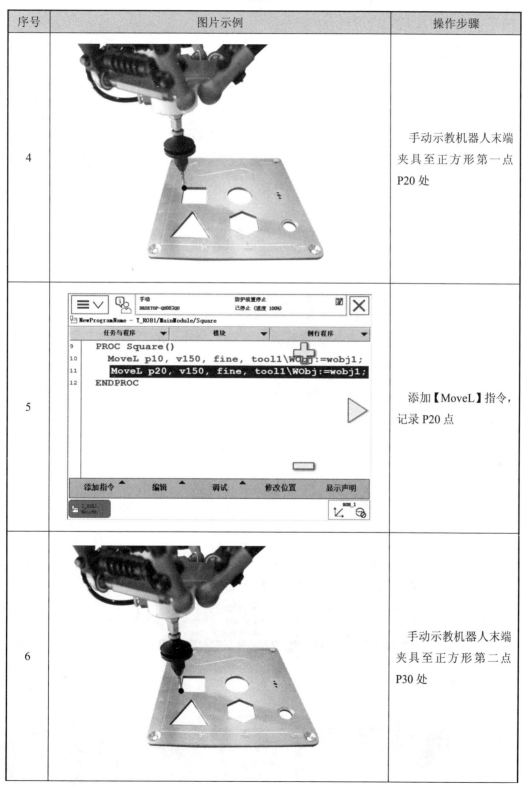	手动示教机器人末端夹具至正方形第二点 P30 处

续表 5.5

序号	图片示例	操作步骤
7	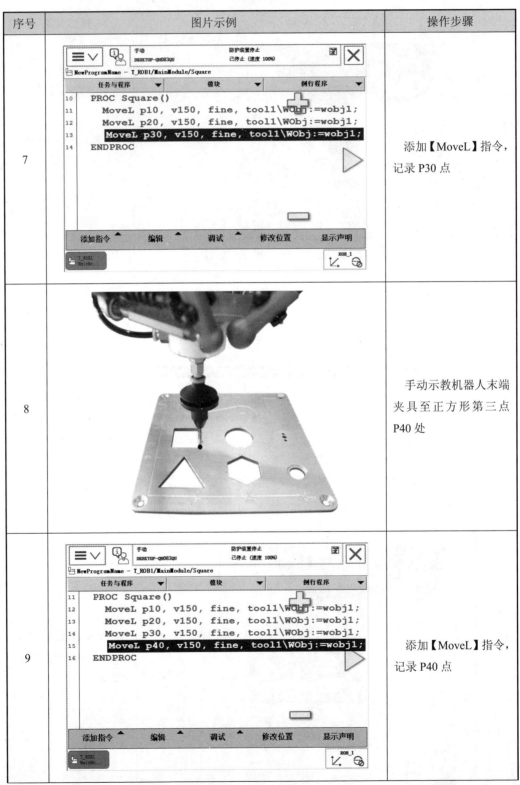	添加【MoveL】指令，记录 P30 点
8		手动示教机器人末端夹具至正方形第三点 P40 处
9		添加【MoveL】指令，记录 P40 点

续表 5.5

序号	图片示例	操作步骤
10	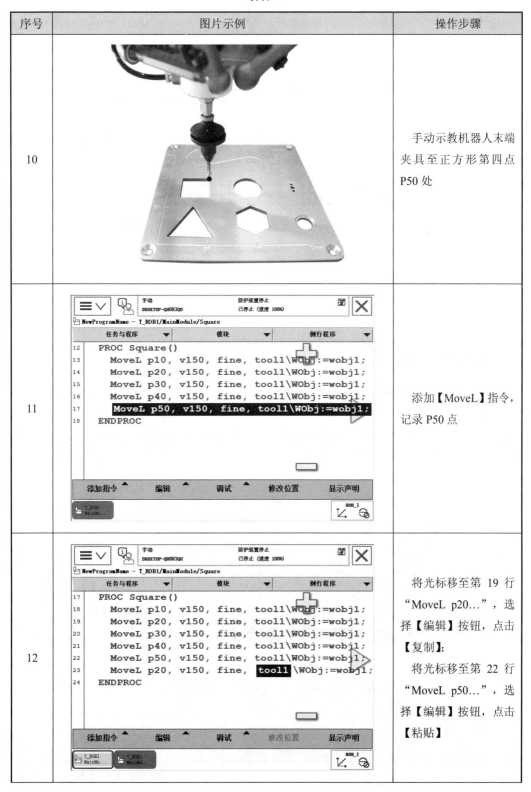	手动示教机器人末端夹具至正方形第四点 P50 处
11		添加【MoveL】指令，记录 P50 点
12		将光标移至第 19 行"MoveL p20…"，选择【编辑】按钮，点击【复制】； 将光标移至第 22 行"MoveL p50…"，选择【编辑】按钮，点击【粘贴】

续表 5.5

序号	图片示例	操作步骤
13	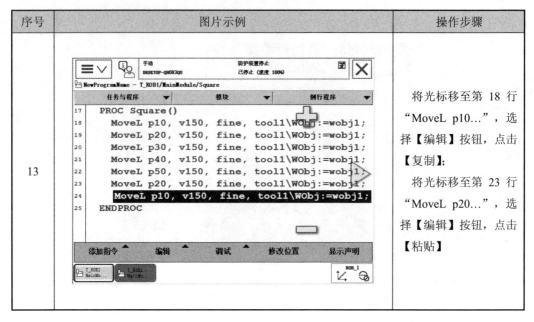	将光标移至第 18 行"MoveL p10...",选择【编辑】按钮,点击【复制】; 将光标移至第 23 行"MoveL p20...",选择【编辑】按钮,点击【粘贴】

5.4.4　程序调试

通过手动启动运行的方式实现程序调试,例行程序手动启动运行的操作步骤见表 5.6。

表 5.6　例行程序手动启动运行的操作步骤

序号	图片示例	操作步骤
1	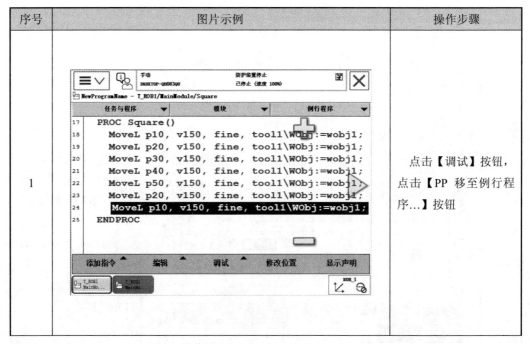	点击【调试】按钮,点击【PP 移至例行程序...】按钮

续表 5.6

序号	图片示例	操作步骤
2	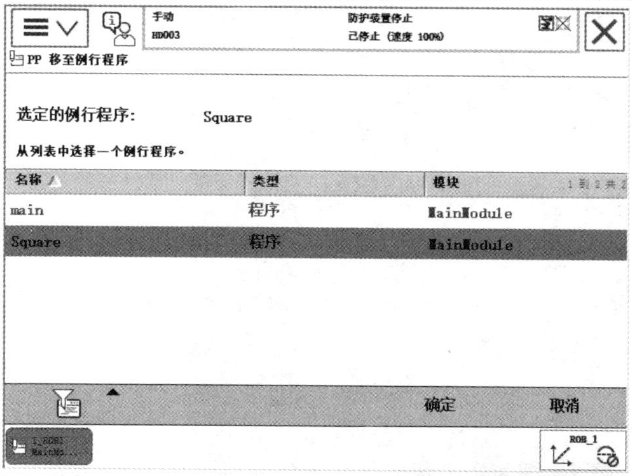	选中程序"Square"，点击【确定】按钮
3	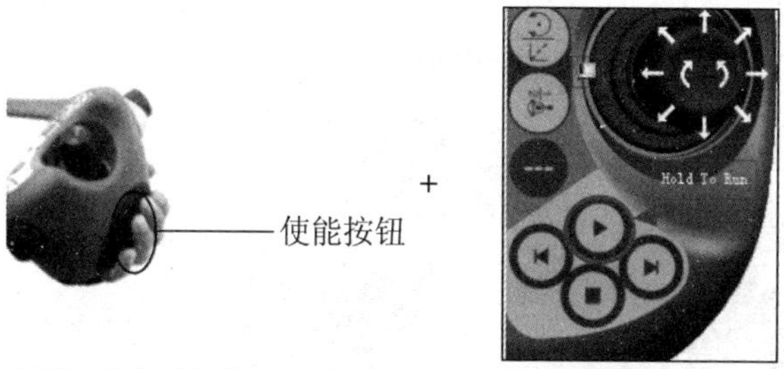 使能按钮 +	半按使能按钮，同时按住启动按键，机器人将自动运行

5.5   项目验证

5.5.1   效果验证

程序编写完成后可将示教器运行速度调至低速，观察机器人运行轨迹是否和预期的路径规划吻合，效果验证的操作步骤见表 5.7。

表 5.7   效果验证的操作步骤

序号	图片示例	操作步骤
1	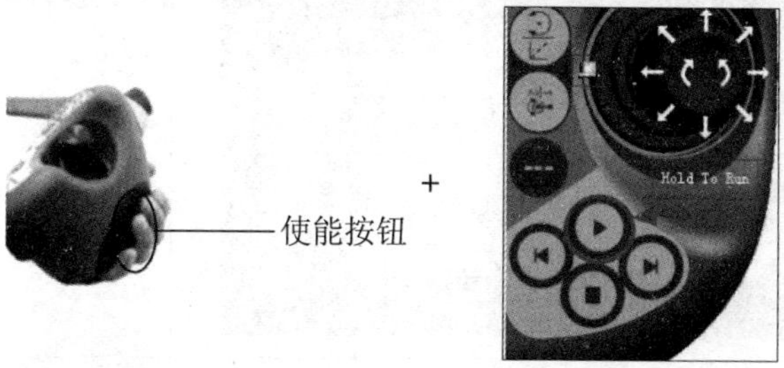 使能按钮 +	程序编辑完成后，按住使能按钮，同时按下启动运行按钮，机器人将自动运行

续表 5.7

序号	图片示例	操作步骤
2		到达安全点 P10
3		到达正方形第一个点 P20
4		到达正方形第二个点 P30

续表 5.7

序号	图片示例	操作步骤
5		到达正方形第三个点 P40
6		到达正方形第四个点 P50
7		返回正方形第一个点 P20

续表 5.7

序号	图片示例	操作步骤
8	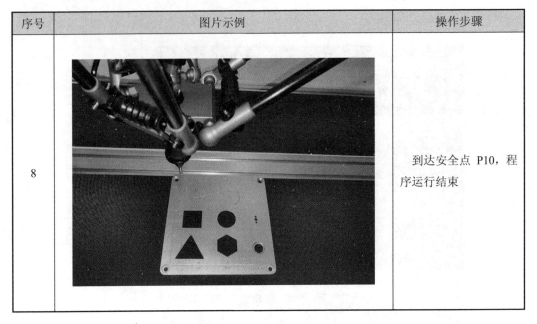	到达安全点 P10，程序运行结束

5.5.2　数据验证

已知基础功能模块中正方形的边长为 35 mm。程序编写完成后，可查看每一点的位姿数据，通过点位信息可验证程序的可行性和完整性。查看点位数据的操作步骤见表 5.8。

表 5.8　查看点位数据的操作步骤

序号	图片示例	操作步骤
1	≡∨　自动 HT0020　电机开启　已停止（速度 100%）　✕ 程序数据 - 已用数据类型 从列表中选择一个数据类型。 范围：RAPID/T_ROB1　　更改范围 1 到 13 共 13 bool　　　　clock　　　　intnum itmsrcinstdat　itmsrctype　loaddata noncnvwobjdata　num　　　sourcedata speeddata　　string　　　tooldata wobjdata 显示数据　视图 程序数据	点击"主菜单"下的【程序数据】按钮，进入"已用数据类型"界面

续表 5.8

序号	图片示例	操作步骤
2	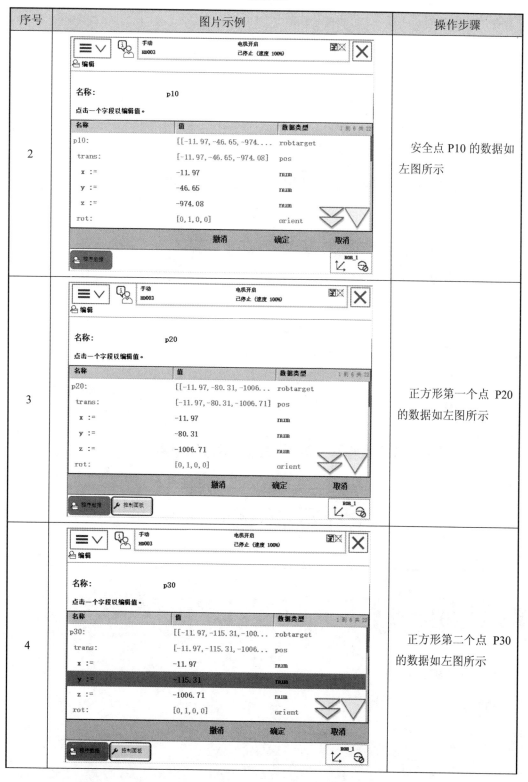	安全点 P10 的数据如左图所示
3		正方形第一个点 P20 的数据如左图所示
4		正方形第二个点 P30 的数据如左图所示

续表 5.8

序号	图片示例	操作步骤
5	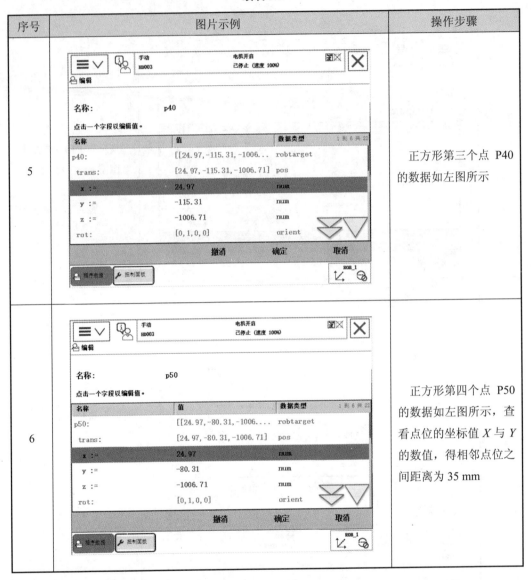	正方形第三个点 P40 的数据如左图所示
6		正方形第四个点 P50 的数据如左图所示，查看点位的坐标值 X 与 Y 的数值，得相邻点位之间距离为 35 mm

5.6　项目总结

5.6.1　项目评价

填写表 5.9 所示的项目评价表。

表5.9 项目评价表

项目指标		分值	自评	互评	评分说明
项目分析	1. 硬件构架分析	8			
	2. 项目流程分析	8			
项目要点	1. 转弯半径	8			
	2. 路径规划	8			
	3. 机器人坐标系	8			
项目步骤	1. I/O配置	10			
	2. 坐标系建立	10			
	3. 程序设计	10			
	4. 程序调试	10			
项目验证	1. 效果验证	10			
	2. 数据验证	10			
合计		100			

5.6.2 项目拓展

通过对本项目的学习，可以对项目进行以下的拓展。

拓展一：通过修改 Square 程序，实现其他图形轨迹的运动。

拓展二：利用工件 Offs 偏移函数完成三角形轨迹规划。

第6章 基于示教编程的码垛搬运项目

6.1 项目概况

6.1.1 项目背景

随着科技的发展，很多轻工业都相继采用了自动化流水线作业，不仅生产效率得到提高，生产成本也大幅降低。随着"用工荒"和劳动力成本上升等现象日趋严重，使用机器人代替人工进行搬运作业越来越普遍，在仓储、物流、食品、化工、烟草等行业被广泛地应用。

❋ 工业机器人的码垛搬运项目介绍

6.1.2 项目目的

（1）掌握 Offs 偏移函数的使用方法。
（2）掌握搬运模块的运行轨迹编程。

6.2 项目分析

6.2.1 项目构架

基于示教编程的工业机器人搬运项目包括工业机器人、搬运模块、搬运工件、气动吸盘等硬件，项目构架如图 6.1 所示。其中，搬运模块和搬运工件为作业对象，工业机器人通过控制气动吸盘对搬运工件的取放完成搬运项目的训练。

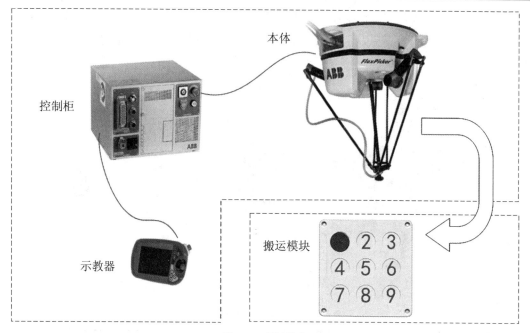

图 6.1　项目构架

6.2.2　项目流程

本项目的项目流程如图 6.2 所示。

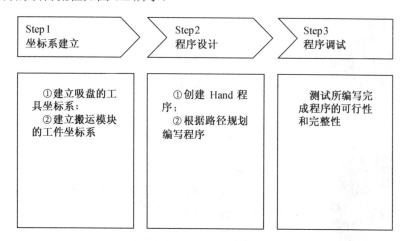

图 6.2　项目流程

6.3　项目要点

6.3.1　气路组成

实训站的气路组成如图 6.3 所示，气路各部分器件的作用见表 6.1。

　　当用户打开手滑阀时，压缩空气进入二联件，由二联件对空气进行过滤和稳压，当电磁阀导通时，空气通过真空发生器由正压变为负压，从而产生吸力，通过真空吸盘吸取工件。

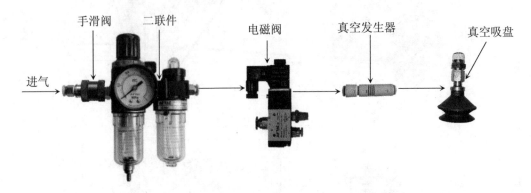

图 6.3　气路组成

表 6.1　气路各部分器件的作用

序号	图例	说　　明
1		**手滑阀**：两位三通的手动滑阀，接在管道中作为气源开关，当气源关闭时，系统中的气压将同时排空
2		**二联件**：由空气过滤器、减压阀、油雾器组成，对空气进行过滤，同时调节系统气压
3		**电磁阀**：由设备的数字量输出信号控制空气的通断，当有信号输入时，电磁阀线圈产生的电磁力将关闭件从阀座上提起，阀门打开，反之阀门关闭
4		**真空发生器**：一种利用正压气源产生负压的新型、高效的小型真空元器件
5		**真空吸盘**：一种真空设备执行器，可由多种材质制作，广泛应用于多种真空吸持设备上

6.3.2   路径规划

搬运模块上有 3×3 共 9 个工位，其中每行每列间距相等，利用吸盘工具将搬运工件从一个孔槽搬运到另一个孔槽上，为了实现搬运过程，示教工件 1 表面 P20 点，以使吸盘能够正常吸附工件，以此位置为基准，其他点位使用偏移指令计算得到。

搬运路径规划流程：安全点 P10→圆饼 1 拾取点 P20→圆饼 1 抬起点 P30→圆饼过渡点 P40→圆饼放置点 P50→圆饼过渡点 P40→安全点 P10，如图 6.4 所示。

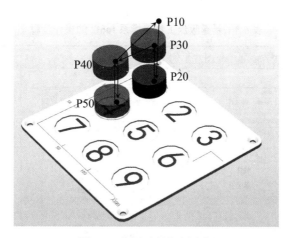

图 6.4   搬运路径规划流程

6.3.3   偏移函数

偏移是基于工业机器人工件坐标系的 X 轴、Y 轴、Z 轴的平移，在焊接、搬运、码垛等领域应用广泛。在 ABB 机器人中，偏移不是一个指令，而是一个函数（Offs 偏移函数），与基本运动指令搭配使用。Offs 偏移函数参数见表 6.2。

表 6.2   Offs 偏移函数参数

格式	Offs (Point, X Offset ,Y Offset , Z Offset)	
参数	Point	robtarget 型数据，待偏移的位置数据
	X Offset	num 型数据，工件坐标系 X 方向的偏移，单位为 mm
	Y Offset	num 型数据，工件坐标系 Y 方向的偏移，单位为 mm
	Z Offset	num 型数据，工件坐标系 Z 方向的偏移，单位为 mm
返回值	robtarget 型数据	
示例	```MoveL Offs(p10,0,0,100), v200, z50, tool0;``` ```MoveL p10, v200, fine, tool0;```	
说明	移动至 P10 点工件坐标系上方 100 mm 处，然后移动至 P10 点	

6.4　项目步骤

6.4.1　坐标系建立

1. 工具坐标系的建立

已知吸盘高度为 50 mm，新建吸盘的工具坐标系 tool2 的操作步骤见表 6.3。

※　工业机器人的码垛搬运项目步骤

表 6.3　新建吸盘工具坐标系 **tool2** 的操作步骤

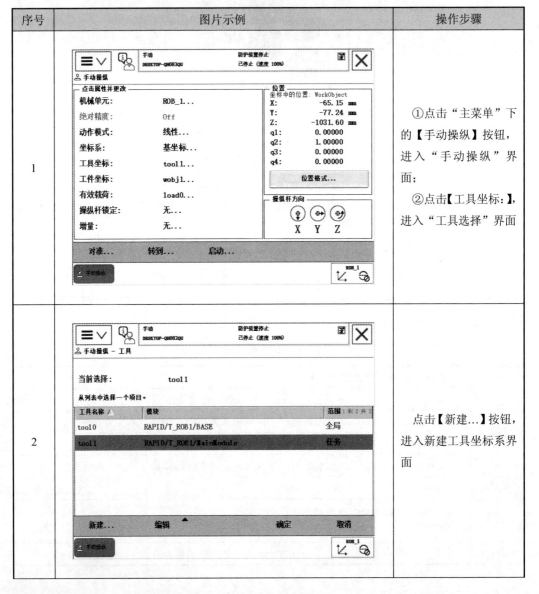

序号	图片示例	操作步骤
1		①点击"主菜单"下的【手动操纵】按钮，进入"手动操纵"界面； ②点击【工具坐标：】，进入"工具选择"界面
2		点击【新建…】按钮，进入新建工具坐标系界面

续表 6.3

序号	图片示例	操作步骤
3	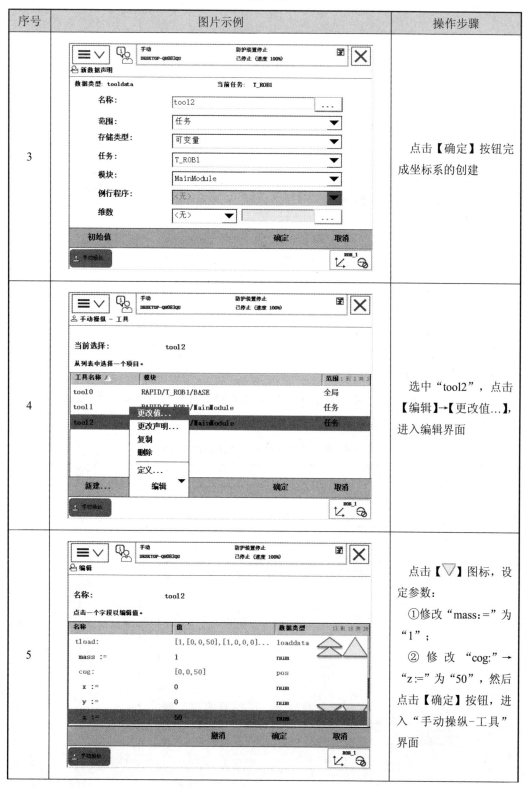	点击【确定】按钮完成坐标系的创建
4		选中"tool2",点击【编辑】→【更改值…】,进入编辑界面
5		点击【▽】图标,设定参数: ①修改"mass:="为"1"; ②修改"cog:"→"z:="为"50",然后点击【确定】按钮,进入"手动操纵-工具"界面

续表 6.3

序号	图片示例	操作步骤
6	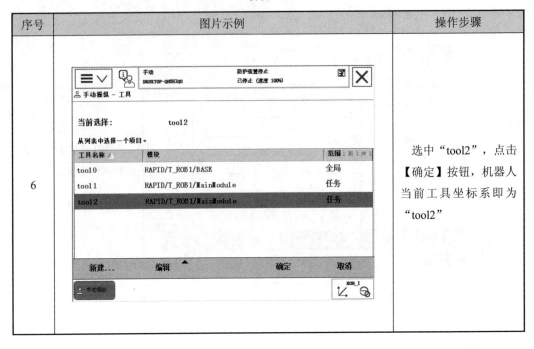	选中"tool2"，点击【确定】按钮，机器人当前工具坐标系即为"tool2"

2. 工件坐标系建立

吸盘工具坐标系建立完成后，基于搬运模块新建工件坐标系"wobj2"，新建工件坐标系 wobj2 的操作步骤见表 6.4。

表 6.4　新建工件坐标系 wobj2 的操作步骤

序号	图片示例	操作步骤
1		点击"主菜单"下的【输入输出】按钮，进入"输入输出"界面

续表 6.4

序号	图片示例	操作步骤
2	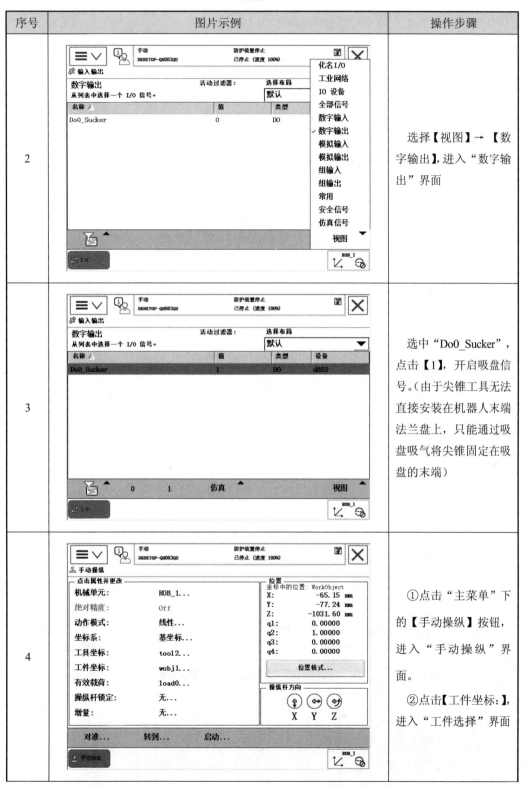	选择【视图】→【数字输出】,进入"数字输出"界面
3		选中"Do0_Sucker",点击【1】,开启吸盘信号。(由于尖锥工具无法直接安装在机器人末端法兰盘上,只能通过吸盘吸气将尖锥固定在吸盘的末端)
4		①点击"主菜单"下的【手动操纵】按钮,进入"手动操纵"界面。②点击【工件坐标:】,进入"工件选择"界面

续表 6.4

序号	图片示例	操作步骤
5	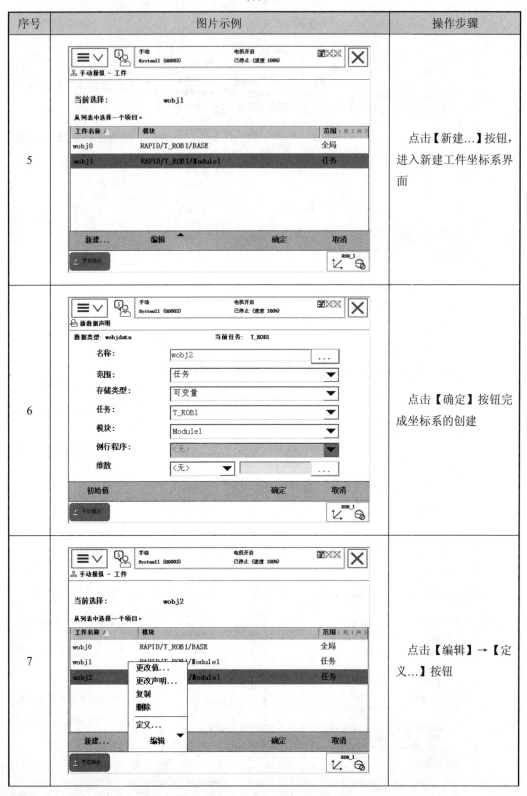	点击【新建...】按钮，进入新建工件坐标系界面
6		点击【确定】按钮完成坐标系的创建
7		点击【编辑】→【定义...】按钮

续表 6.4

序号	图片示例	操作步骤
8	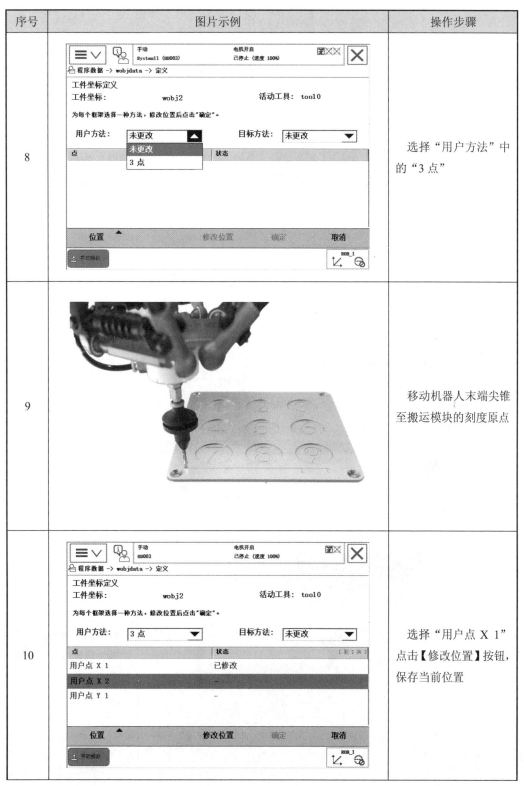	选择"用户方法"中的"3 点"
9		移动机器人末端尖锥至搬运模块的刻度原点
10		选择"用户点 X 1"点击【修改位置】按钮,保存当前位置

续表 6.4

序号	图片示例	操作步骤
11	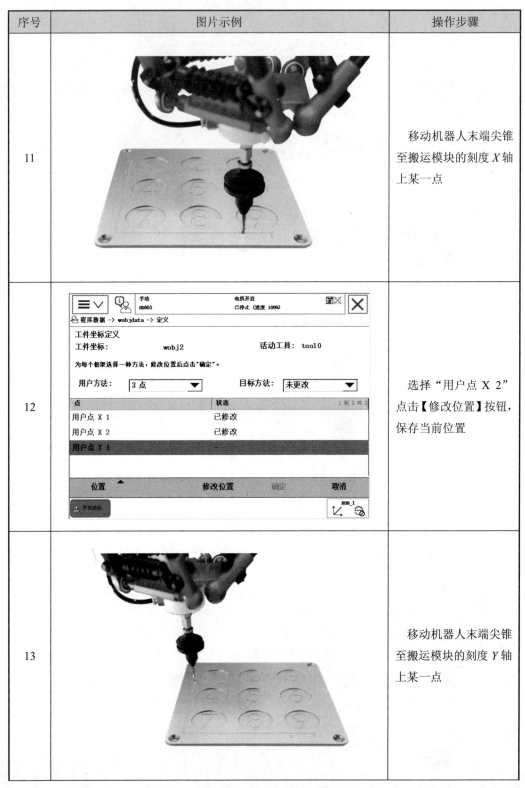	移动机器人末端尖锥至搬运模块的刻度 X 轴上某一点
12		选择"用户点 X 2"点击【修改位置】按钮，保存当前位置
13		移动机器人末端尖锥至搬运模块的刻度 Y 轴上某一点

续表 6.4

序号	图片示例	操作步骤
14	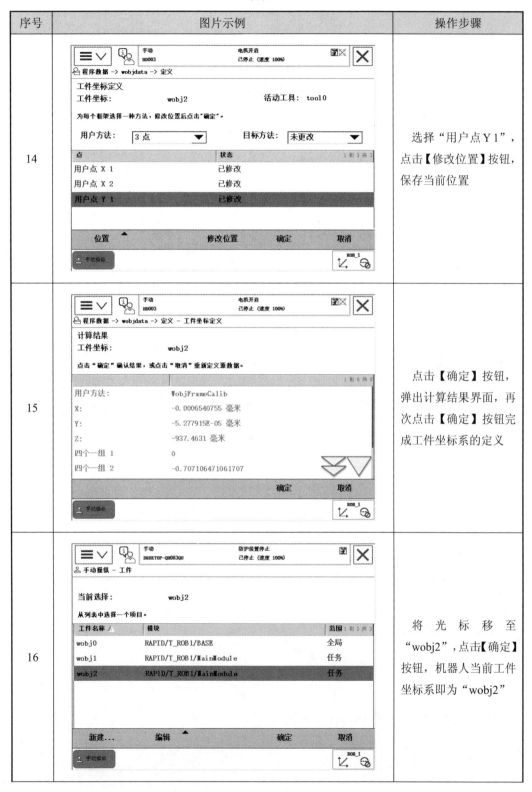	选择"用户点 Y 1"，点击【修改位置】按钮，保存当前位置
15		点击【确定】按钮，弹出计算结果界面，再次点击【确定】按钮完成工件坐标系的定义
16		将光标移至"wobj2"，点击【确定】按钮，机器人当前工件坐标系即为"wobj2"

续表 6.4

序号	图片示例	操作步骤
17	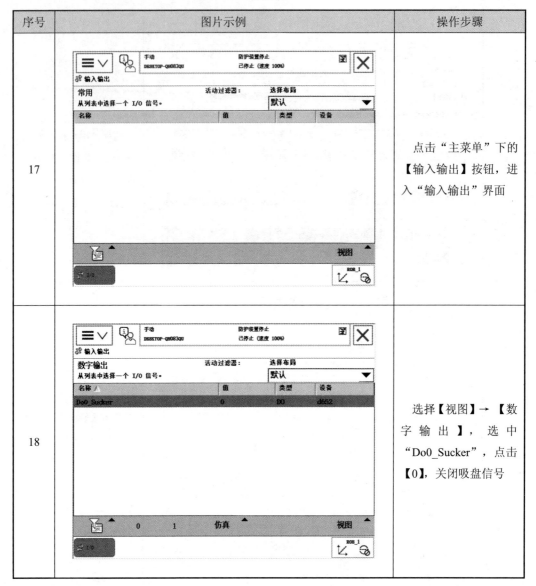	点击"主菜单"下的【输入输出】按钮，进入"输入输出"界面
18		选择【视图】→【数字输出】，选中"Do0_Sucker"，点击【0】，关闭吸盘信号

6.4.2 程序设计

程序设计分为程序创建和程序编写。

1. 程序创建

新建例行程序"Hand"的操作步骤见表 6.5。

表 6.5　新建例行程序"Hand"的操作步骤

序号	图片示例	操作步骤
1		点击【文件】按钮，选择【新建例行程序…】
2		点击【ABC…】按钮，修改例行程序"名称"为"Hand"，点击【确定】按钮
3		例行程序"Hand"创建完成

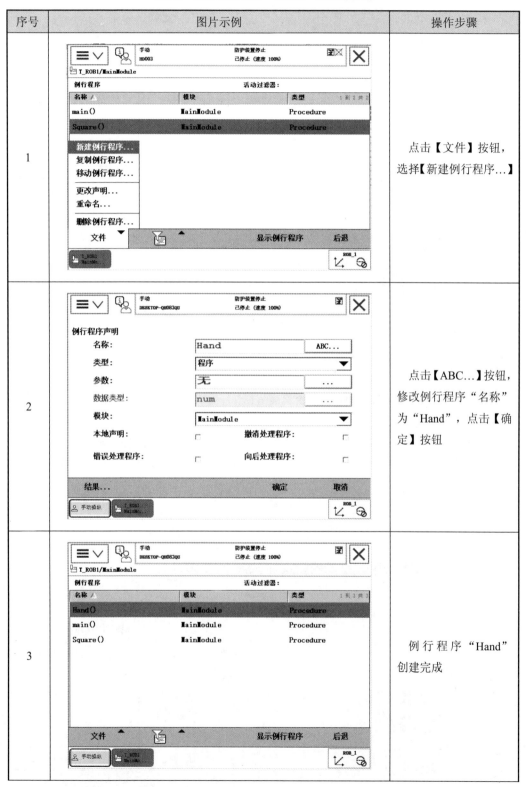

续表 6.5

序号	图片示例	操作步骤
4	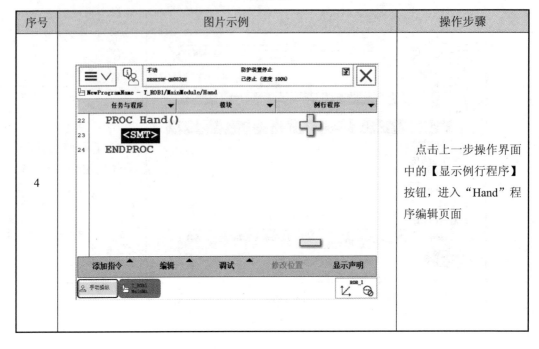	点击上一步操作界面中的【显示例行程序】按钮，进入"Hand"程序编辑页面

2. 程序编辑

例行程序"Hand"编辑的操作步骤见表 6.6。

表 6.6　例行程序"Hand"编辑的操作步骤

序号	图片示例	操作步骤
1	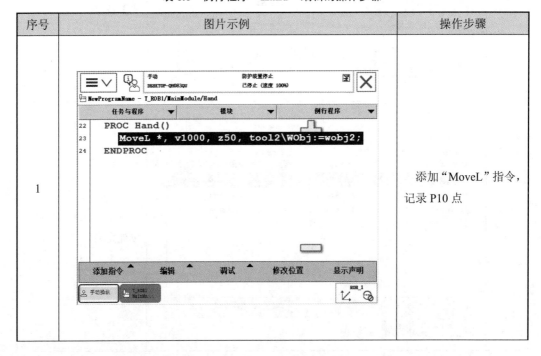	添加"MoveL"指令，记录 P10 点

续表 6.6

序号	图片示例	操作步骤
2	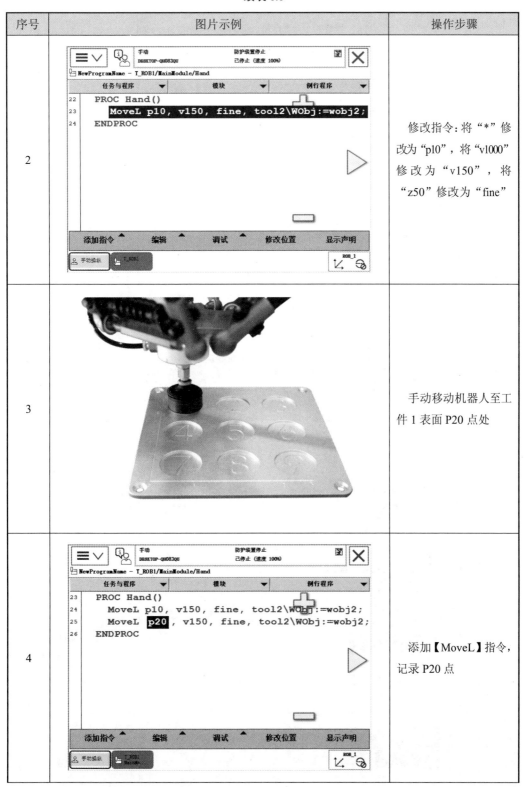	修改指令：将"*"修改为"p10"，将"v1000"修改为"v150"，将"z50"修改为"fine"
3		手动移动机器人至工件1表面P20点处
4		添加【MoveL】指令，记录P20点

续表 6.6

序号	图片示例	操作步骤
5	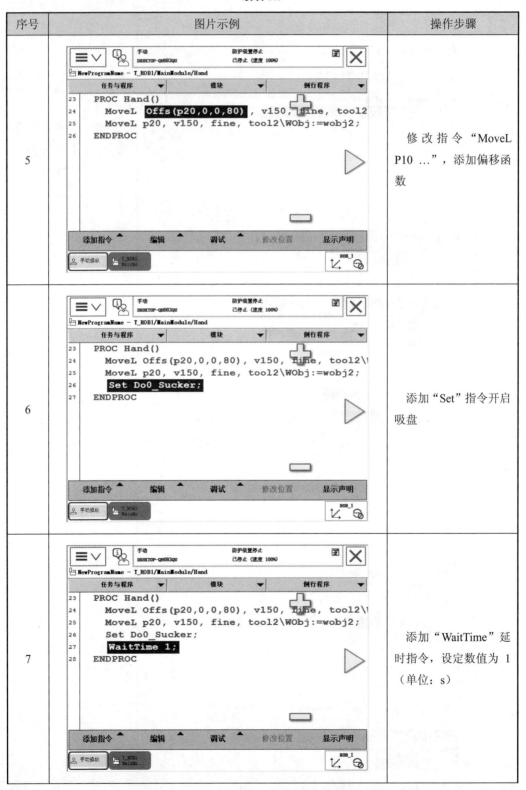	修改指令"MoveL P10 …"，添加偏移函数
6		添加"Set"指令开启吸盘
7		添加"WaitTime"延时指令，设定数值为 1（单位：s）

续表 6.6

序号	图片示例	操作步骤
8	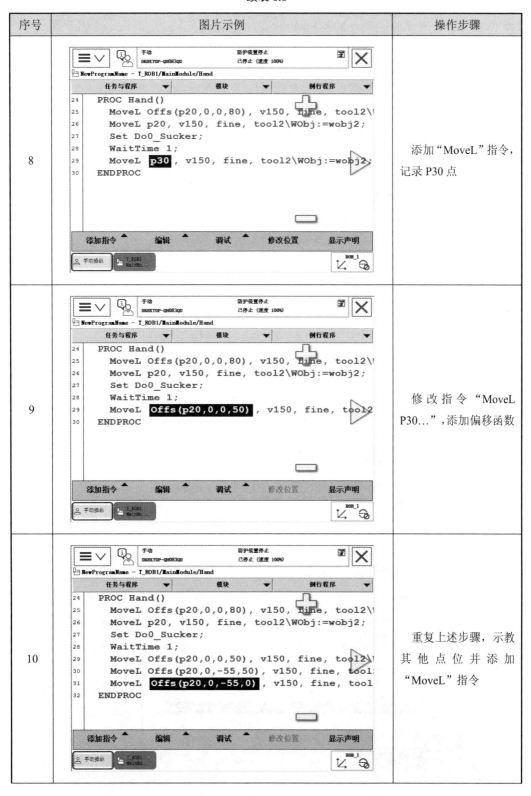	添加 "MoveL" 指令，记录 P30 点
9		修改指令 "MoveL P30…"，添加偏移函数
10		重复上述步骤，示教其他点位并添加 "MoveL" 指令

续表 6.6

序号	图片示例	操作步骤
11	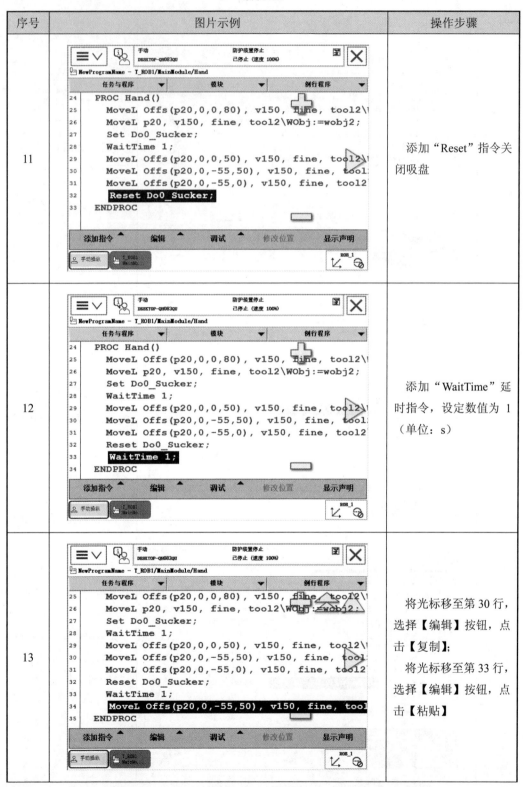	添加"Reset"指令关闭吸盘
12		添加"WaitTime"延时指令，设定数值为 1（单位：s）
13		将光标移至第 30 行，选择【编辑】按钮，点击【复制】； 将光标移至第 33 行，选择【编辑】按钮，点击【粘贴】

续表6.6

序号	图片示例	操作步骤
14	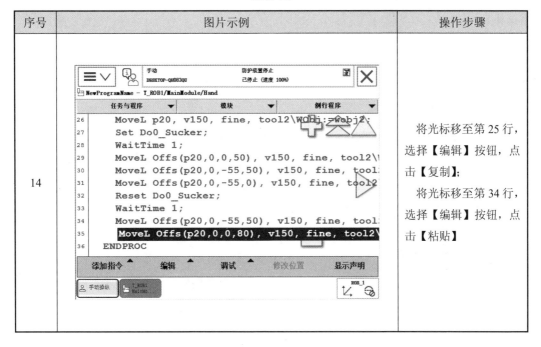	将光标移至第25行，选择【编辑】按钮，点击【复制】； 将光标移至第34行，选择【编辑】按钮，点击【粘贴】

6.4.3 程序调试

例行程序"Hand"手动启动运行操作步骤见表6.7。

表6.7 手动启动运行

序号	图片示例	操作步骤
1	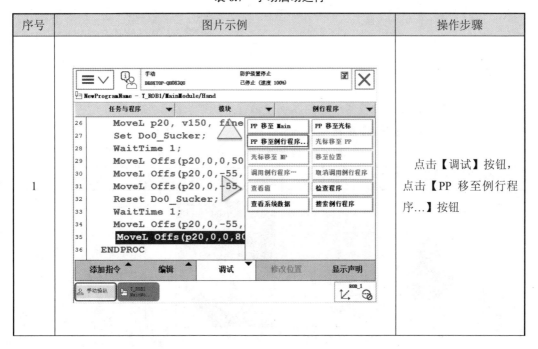	点击【调试】按钮，点击【PP 移至例行程序...】按钮

续表 6.7

序号	图片示例	操作步骤
2	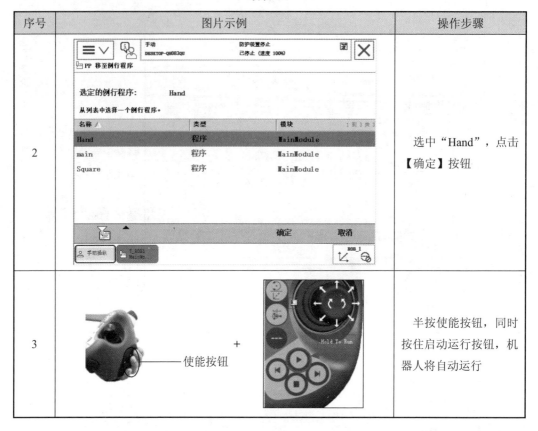	选中"Hand",点击【确定】按钮
3	使能按钮 + Hold To Run	半按使能按钮,同时按住启动运行按钮,机器人将自动运行

6.5 项目验证

6.5.1 效果验证

程序编写完成后可将示教器运行速度调至低速,观察机器人运行轨迹是否和预期的路径规划吻合,效果验证的操作步骤见表 6.8。

表 6.8 效果验证的操作步骤

序号	图片示例	操作步骤
1	使能按钮 + Hold To Run	程序编辑完成后,按住使能按钮,同时按下启动运行按钮,机器人将自动运行

序号	图片示例	操作步骤
2		到达安全点
3		到达圆饼拾取点 P20
4		到达圆饼抬起点 P30

续表 6.8

序号	图片示例	操作步骤
5		到达圆饼过渡点 P40
6		到达圆饼放置点 P50
7		到达圆饼过渡点

续表 6.8

序号	图片示例	操作步骤
8	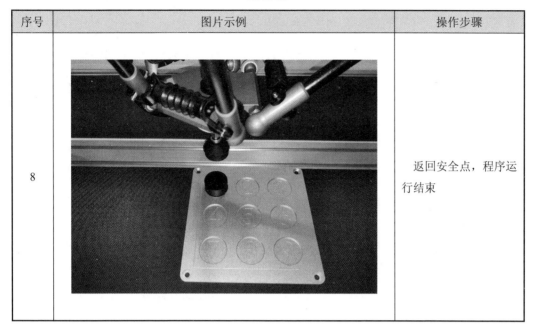	返回安全点，程序运行结束

6.5.2　数据验证

已知搬运模块的相邻工位圆心距为 55 mm。程序编写完成后，可查看每一点的位姿数据，通过点位信息可验证程序的可行性和完整性，查看点位数据的操作步骤见表 6.9。

表 6.9　查看点位数据的操作步骤

序号	图片示例	操作步骤
1	手动 HD020　　防护装置停止　已停止（速度 100%） 程序数据 - 已用数据类型 从列表中选择一个数据类型。 范围：RAPID/T_ROB1　　　更改范围 1 到 14 共 14 bool　　clock　　intnum itmsrcinstdat　　itmsrctype　　loaddata noncnvwobjdata　　num　　robtarget sourcedata　　speeddata　　string tooldata　　wobjdata 显示数据　　视图 T_ROB1 MainMo...　手动操纵　T_ROB1 MainMo...　程序数据　ROB_1	点击"主菜单"下的【程序数据】按钮，进入"数据类型"界面，点击【robtarget】

续表 6.9

序号	图片示例	操作步骤
2	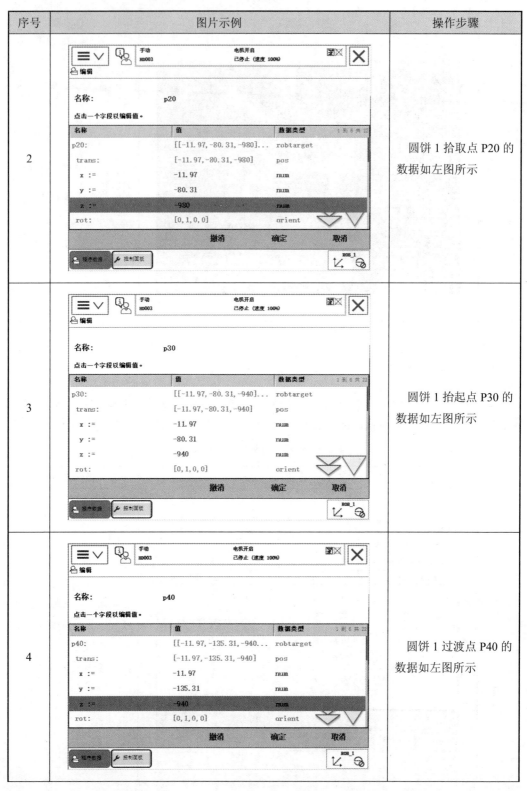	圆饼 1 拾取点 P20 的数据如左图所示
3		圆饼 1 抬起点 P30 的数据如左图所示
4		圆饼 1 过渡点 P40 的数据如左图所示

续表 6.9

序号	图片示例	操作步骤
5	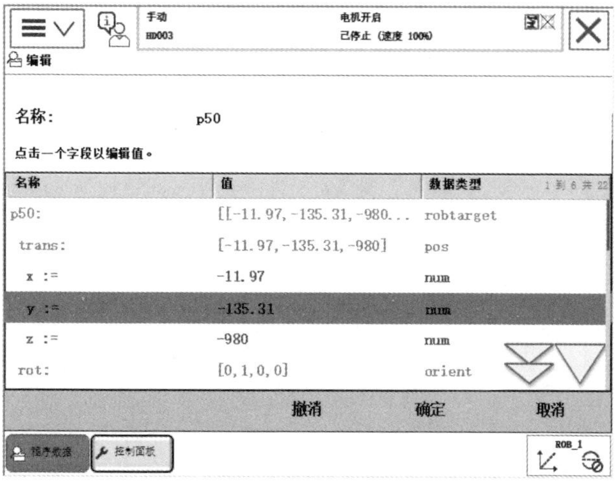	圆饼1放置点P50的数如左图所示。在Y方向的数据与P20相差55 mm，结果正确

6.6 项目总结

6.6.1 项目评价

填写表 6.10 所示的项目评价表。

表 6.10 项目评价表

项目指标		分值	自评	互评	评分说明
项目分析	1. 硬件构架分析	10			
	2. 项目流程分析	10			
项目要点	1. 气路组成	10			
	2. 路径规划	10			
	3. 偏移函数	10			
项目步骤	1. 坐标系建立	10			
	2. 程序设计	10			
	3. 程序调试	10			
项目验证	1. 效果验证	10			
	2. 数据验证	10			
合计		100			

6.6.2　项目拓展

通过对本项目的学习，可以对项目进行以下的拓展。

拓展一：　搬运模块上有 3×3 共 9 个工位，其中每行每列间距相等，利用数组及 FOR 循环指令完成 3×3 码垛。

拓展二：　搬运模块上有 3×3 共 9 个工位，其中每行每列间距相等，利用 WHILE、IF 及赋值指令完成 3×3 码垛。

第 7 章 基于离线编程的激光轨迹项目

7.1 项目概况

7.1.1 项目背景

工业机器人是一种可编程的操作机,其编程的方法通常可分为在线示教编程和离线编程两种。在线示教编程是指操作人员亲临生产现场,通过操作工业机器人示教器,依靠肉眼观测,手动调整机器人的位置与姿态。该操作存在很大的局限性,在弧焊、切割、涂胶等作业中,难以实现复杂多变的姿态控制;对于一些特殊图形轨迹的刻画,使用在线示教编程工作量极其庞大。

❋ 离线编程的激光轨迹项目介绍

离线编程的出现有效地弥补了在线示教编程的不足,并且随着计算机技术的发展,离线编程技术也愈发成熟,成为未来工业机器人编程方式的主流趋势。目前,工业机器人离线编程已广泛应用在切割、机加工、机械切边、焊接等行业。离线编程典型行业应用如图7.1 所示。

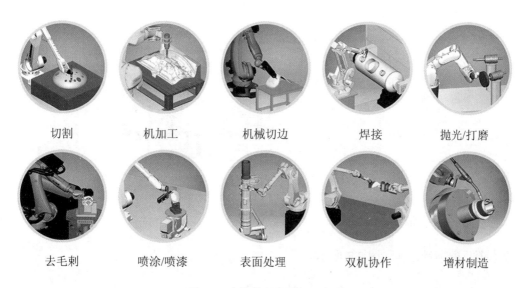

| 切割 | 机加工 | 机械切边 | 焊接 | 抛光/打磨 |
| 去毛刺 | 喷涂/喷漆 | 表面处理 | 双机协作 | 增材制造 |

图 7.1 离线编程典型行业应用

7.1.2 项目目的

（1）掌握仿真实训模块的安装方法。
（2）掌握仿真软件中工件坐标系的建立步骤。
（3）掌握仿真软件中自动路径功能的使用方法。
（4）掌握离线编程机器人程序的导出方法。

7.2 项目分析

7.2.1 项目构架

基于离线编程的激光轨迹项目包括工业机器人、计算机、基础模块、尖锥夹具等硬件，项目构架如图 7.2 所示。其中，计算机为载体（根据工艺等需求，在计算机的编程软件中构建机器人的应用场景，并生成机器人的运动轨迹离线程序），基础模块为作业对象，工业机器人控制尖锥夹具完成激光轨迹项目的训练。

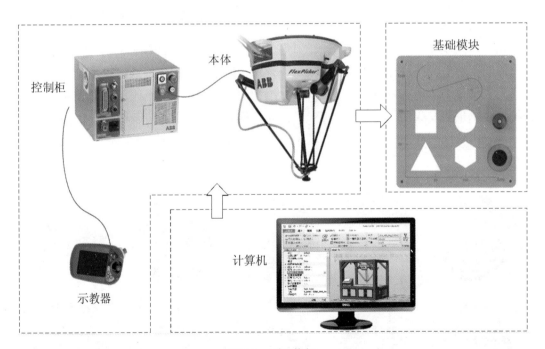

图 7.2　项目构架

7.2.2 项目流程

本项目的项目流程如图 7.3 所示。

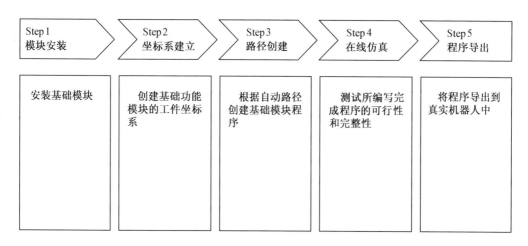

Step 1 模块安装	Step 2 坐标系建立	Step 3 路径创建	Step 4 在线仿真	Step 5 程序导出
安装基础模块	创建基础功能模块的工件坐标系	根据自动路径创建基础模块程序	测试所编写完成程序的可行性和完整性	将程序导出到真实机器人中

图 7.3　项目流程

7.3　项目要点

7.3.1　尖锥工具创建

尖锥工具创建步骤包括导入机械模型、修改本地原点、添加工具坐标系和创建工具。

1. 导入机械模型

导入尖锥机械模型的操作步骤见表 7.1。

表 7.1　导入尖锥机械模型的操作步骤

序号	图片示例	操作步骤
1	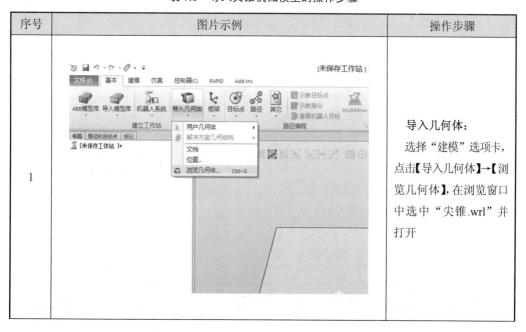	导入几何体： 选择"建模"选项卡，点击【导入几何体】→【浏览几何体】，在浏览窗口中选中"尖锥.wrl"并打开

续表 7.1

序号	图片示例	操作步骤
2	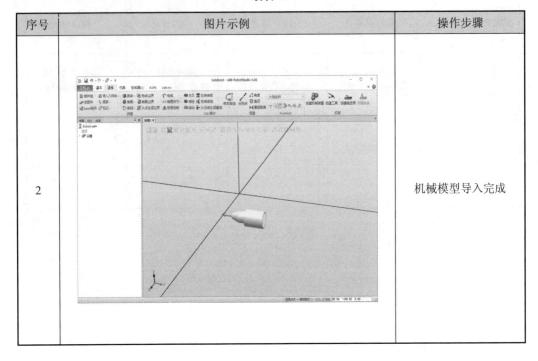	机械模型导入完成

2. 修改本地原点

修改尖锥模型本地原点的操作步骤见表 7.2。

表 7.2　修改尖锥模型本地原点的操作步骤

序号	图片示例	操作步骤
1	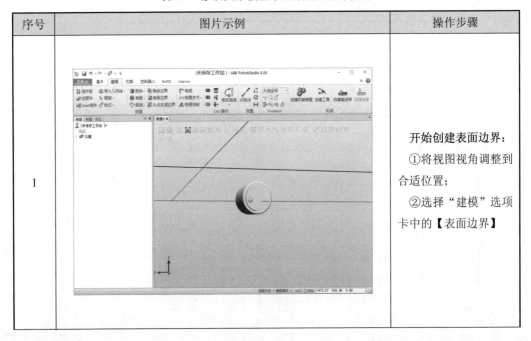	开始创建表面边界： ①将视图视角调整到合适位置； ②选择"建模"选项卡中的【表面边界】

续表 7.2

序号	图片示例	操作步骤
2	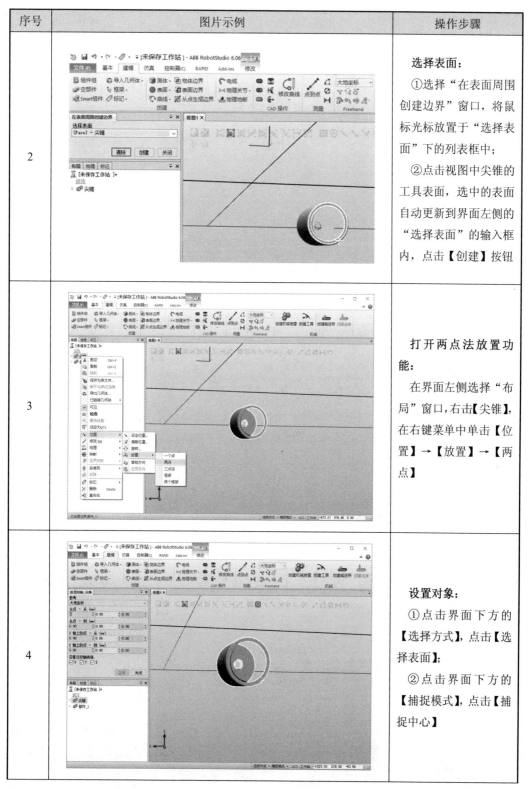	**选择表面：** ①选择"在表面周围创建边界"窗口，将鼠标光标放置于"选择表面"下的列表框中； ②点击视图中尖锥的工具表面，选中的表面自动更新到界面左侧的"选择表面"的输入框内，点击【创建】按钮
3		**打开两点法放置功能：** 在界面左侧选择"布局"窗口，右击【尖锥】，在右键菜单中单击【位置】→【放置】→【两点】
4		**设置对象：** ①点击界面下方的【选择方式】，点击【选择表面】； ②点击界面下方的【捕捉模式】，点击【捕捉中心】

续表 7.2

序号	图片示例	操作步骤
5	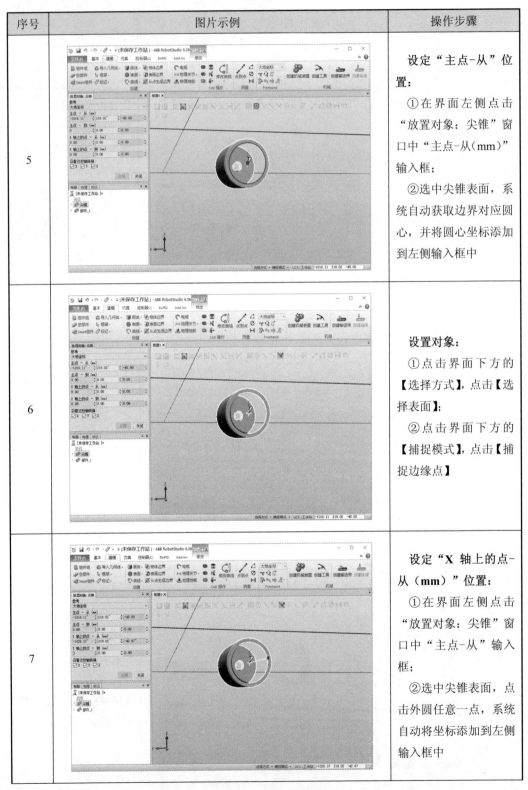	设定"主点-从"位置： ①在界面左侧点击"放置对象：尖锥"窗口中"主点-从（mm）"输入框； ②选中尖锥表面，系统自动获取边界对应圆心，并将圆心坐标添加到左侧输入框中
6		设置对象： ①点击界面下方的【选择方式】，点击【选择表面】； ②点击界面下方的【捕捉模式】，点击【捕捉边缘点】
7		设定"X 轴上的点-从（mm）"位置： ①在界面左侧点击"放置对象：尖锥"窗口中"主点-从"输入框； ②选中尖锥表面，点击外圆任意一点，系统自动将坐标添加到左侧输入框中

续表 7.2

序号	图片示例	操作步骤
8	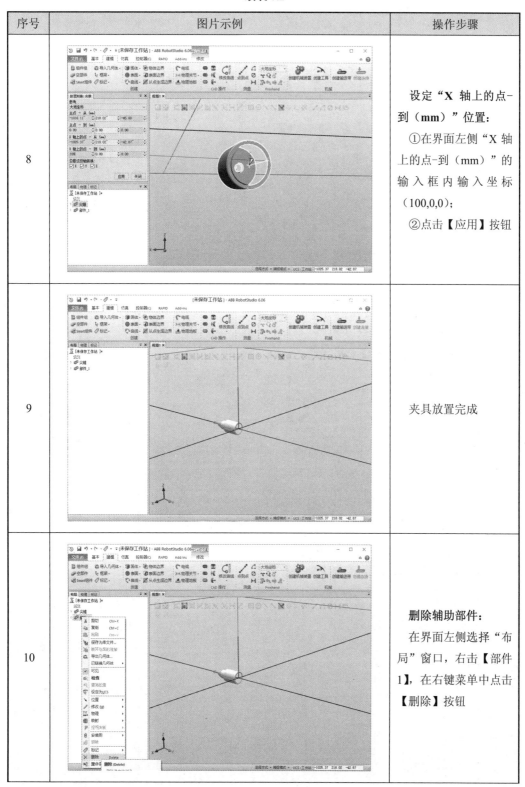	设定"**X 轴上的点-到（mm）**"位置： ①在界面左侧"X 轴上的点-到（mm）"的输入框内输入坐标（100,0,0）； ②点击【应用】按钮
9		夹具放置完成
10		**删除辅助部件：** 在界面左侧选择"布局"窗口，右击【部件1】，在右键菜单中点击【删除】按钮

续表 7.2

序号	图片示例	操作步骤
11	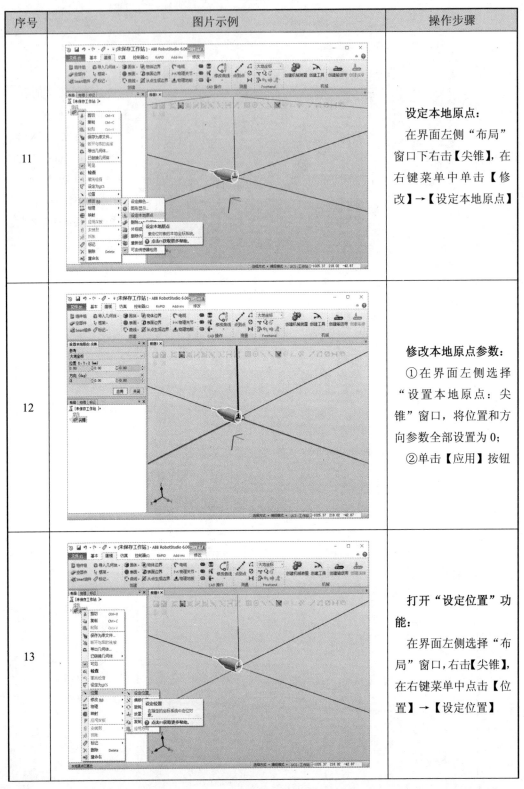	**设定本地原点：** 在界面左侧"布局"窗口下右击【尖锥】，在右键菜单中单击【修改】→【设定本地原点】
12		**修改本地原点参数：** ①在界面左侧选择"设置本地原点：尖锥"窗口，将位置和方向参数全部设置为 0； ②单击【应用】按钮
13		**打开"设定位置"功能：** 在界面左侧选择"布局"窗口，右击【尖锥】，在右键菜单中点击【位置】→【设定位置】

续表 7.2

序号	图片示例	操作步骤
14		**设定位置:** 　　在左侧选择"设定位置:尖锥"窗口,设定位置坐标为(0,0,0),设定方向坐标为(-90,0,0),点击【确定】按钮
15		**进入本地原点设置:** 　　在界面左侧选择"布局"窗口,右击【尖锥】,在右键菜单中点击【修改】→【设定本地原点】
16		**修改本地原点设置:** 　　①在界面左侧选择"设定本地原点:尖锥"窗口,将位置和方向参数全部设置为0; 　　②点击【应用】按钮,此时工具模型的原点与大地坐标系原点位置重合并且方向一致

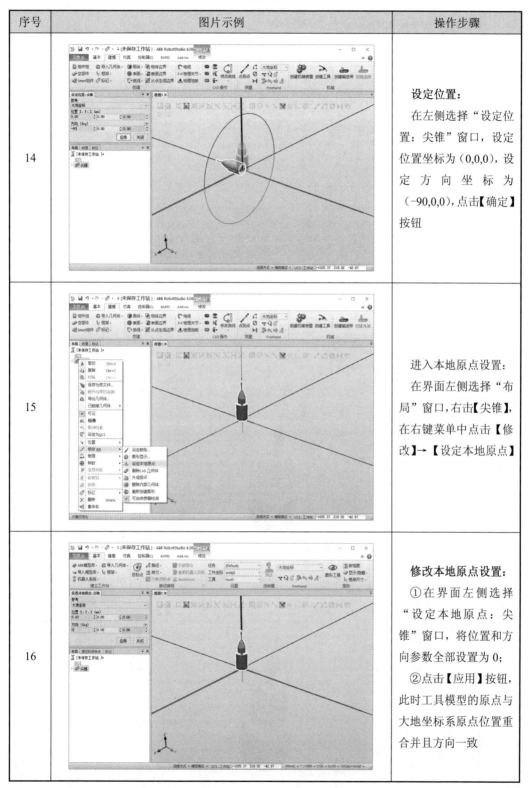

3. 添加工具坐标系

添加工具坐标系的操作步骤见表 7.3。

表 7.3　添加工具坐标系的操作步骤

序号	图片示例	操作步骤
1	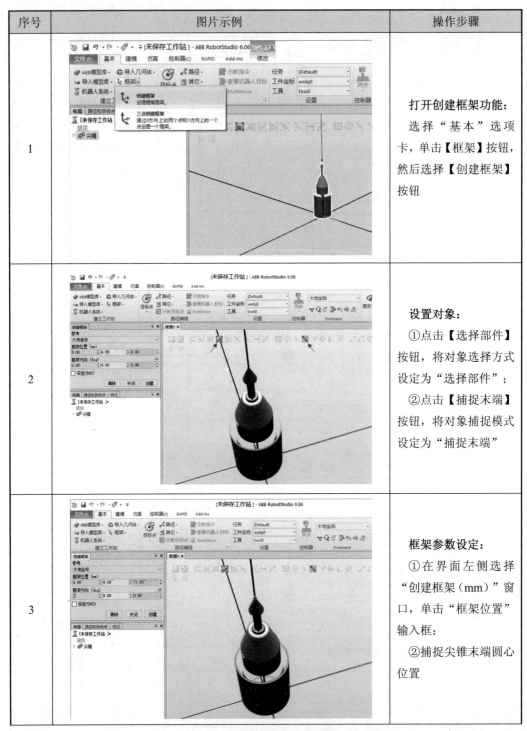	**打开创建框架功能：**选择"基本"选项卡，单击【框架】按钮，然后选择【创建框架】按钮
2		**设置对象：**①点击【选择部件】按钮，将对象选择方式设定为"选择部件"；②点击【捕捉末端】按钮，将对象捕捉模式设定为"捕捉末端"
3		**框架参数设定：**①在界面左侧选择"创建框架（mm）"窗口，单击"框架位置"输入框；②捕捉尖锥末端圆心位置

续表 7.3

序号	图片示例	操作步骤
4	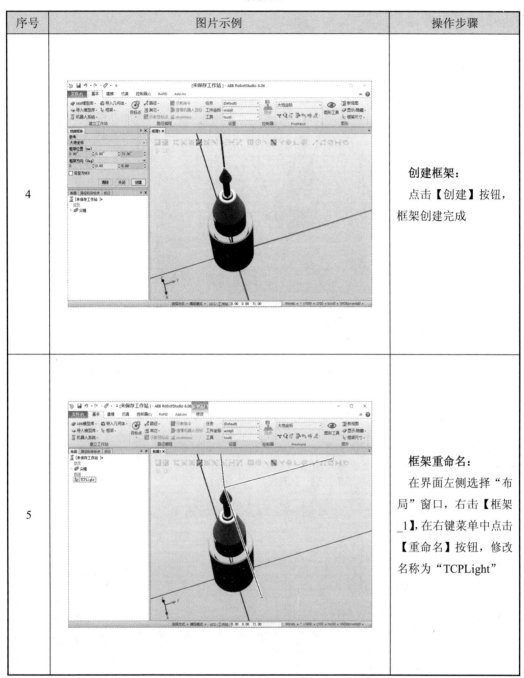	**创建框架：** 点击【创建】按钮，框架创建完成
5		**框架重命名：** 在界面左侧选择"布局"窗口，右击【框架_1】，在右键菜单中点击【重命名】按钮，修改名称为"TCPLight"

4. 创建工具

创建工具的操作步骤见表 7.4。

表 7.4　创建工具的操作步骤

序号	图片示例	操作步骤
1	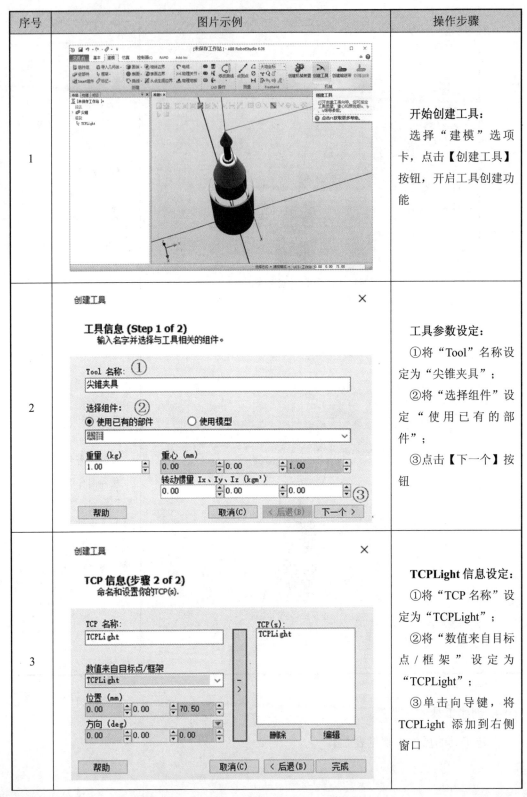	**开始创建工具：** 选择"建模"选项卡，点击【创建工具】按钮，开启工具创建功能
2		**工具参数设定：** ①将"Tool"名称设定为"尖锥夹具"； ②将"选择组件"设定"使用已有的部件"； ③点击【下一个】按钮
3		**TCPLight 信息设定：** ①将"TCP 名称"设定为"TCPLight"； ②将"数值来自目标点 / 框架"设定为"TCPLight"； ③单击向导键，将 TCPLight 添加到右侧窗口

续表 7.4

序号	图片示例	操作步骤
4	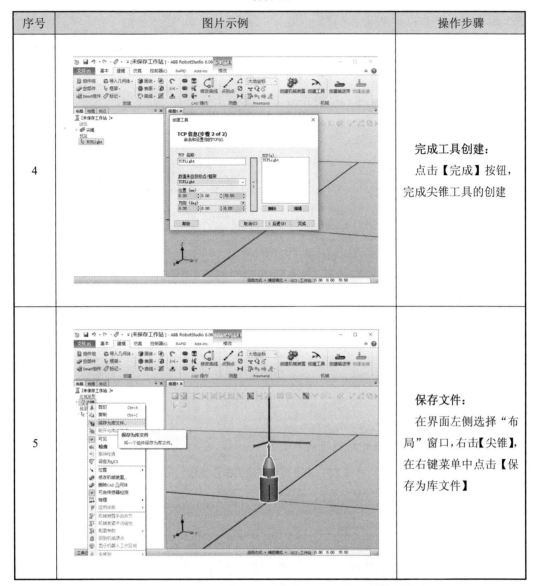	**完成工具创建：** 点击【完成】按钮，完成尖锥工具的创建
5		**保存文件：** 在界面左侧选择"布局"窗口，右击【尖锥】，在右键菜单中点击【保存为库文件】

7.3.2　自动路径

在 RobotStudio 仿真软件中，设计运动路径时可选择空路径或自动路径。对于简单的直线或圆弧，选择空路径，通过手动示教相关点位即可轻松生成机器人运行轨迹。但是对于一些不规则的形状，若是采用手动示教编程生成机器人运行轨迹，工作量相当庞大。这时，使用离线编程的自动路径生成功能产生运行轨迹既方便又快捷，而且生成的轨迹切合度非常高。离线编程生成在打磨、抛光、机械加工等行业中应用广泛。面对不规则的运动轨迹，使用自动生成轨迹是一种行之有效的方法。自动路径功能典型应用如图 7.4 所示。

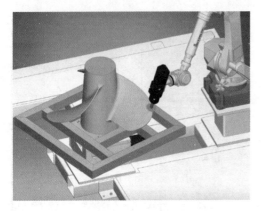

（a）打磨叶片

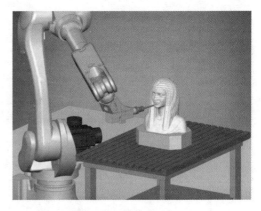

（b）雕刻雕塑

图 7.4　自动路径功能典型应用

7.4　项目步骤

7.4.1　模块安装

本任务选择安装基础实训模块。该实训模块上主要有圆形、三角形、四边形、六边形、曲线以及 $X\text{-}O\text{-}Y$ 坐标系。用户可以用相应的工具沿各图形边缘进行路径示教。安装实训模块的操作步骤见表 7.5。

※　离线编程的激光轨迹项目步骤

表 7.5　安装实训模块的操作步骤

序号	图片示例	操作步骤
1		**工作站搭建：** ①从"ABB 模型库"中导入机器人； ②从"导入几何体"中导入工作站模型，并将机器人放置到工作站的合适位置； ③从"导入模型库"中导入工具尖锥，并安装到机器人

续表 7.5

序号	图片示例	操作步骤
2	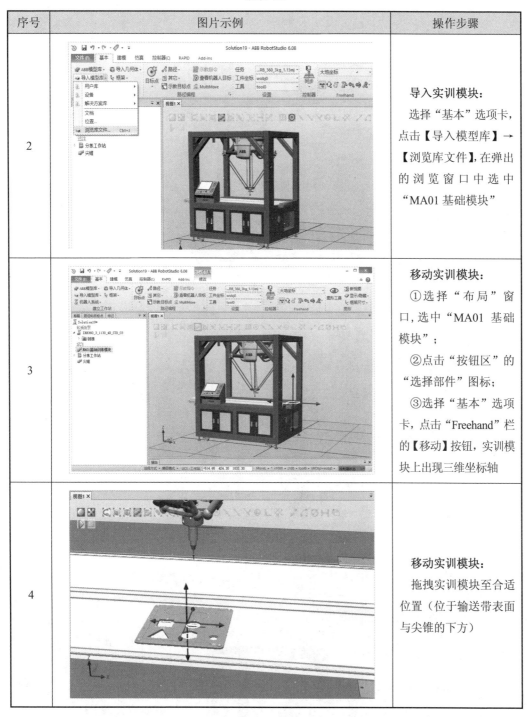	**导入实训模块：** 选择"基本"选项卡，点击【导入模型库】→【浏览库文件】，在弹出的浏览窗口中选中"MA01 基础模块"
3		**移动实训模块：** ①选择"布局"窗口，选中"MA01 基础模块"； ②点击"按钮区"的"选择部件"图标； ③选择"基本"选项卡，点击"Freehand"栏的【移动】按钮，实训模块上出现三维坐标轴
4		**移动实训模块：** 拖拽实训模块至合适位置（位于输送带表面与尖锥的下方）

7.4.2　坐标系创建

创建实训模块工作坐标系的操作步骤见表 7.6。

表 7.6　创建实训模块工作坐标系的操作步骤

序号	图片示例	操作步骤
1	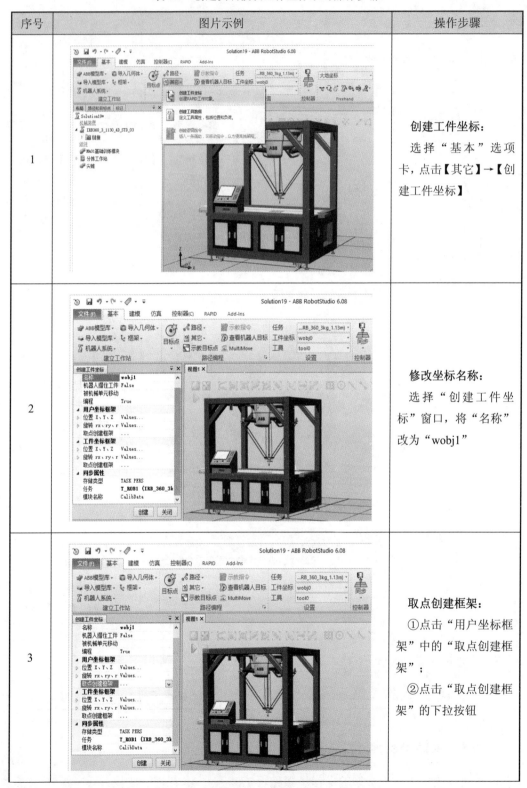	**创建工件坐标：** 　选择"基本"选项卡，点击【其它】→【创建工件坐标】
2		**修改坐标名称：** 　选择"创建工件坐标"窗口，将"名称"改为"wobj1"
3		**取点创建框架：** 　①点击"用户坐标框架"中的"取点创建框架"； 　②点击"取点创建框架"的下拉按钮

续表 7.6

序号	图片示例	操作步骤
4	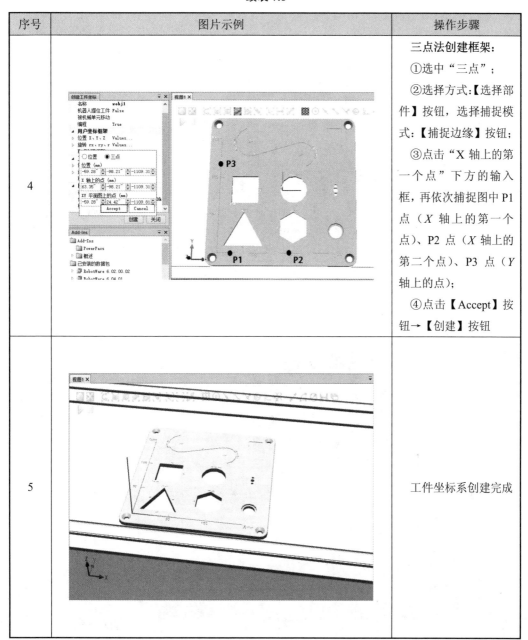	**三点法创建框架:** ①选中"三点"; ②选择方式:【选择部件】按钮,选择捕捉模式:【捕捉边缘】按钮; ③点击"X轴上的第一个点"下方的输入框,再依次捕捉图中P1点（X轴上的第一个点）、P2点（X轴上的第二个点）、P3点（Y轴上的点）; ④点击【Accept】按钮→【创建】按钮
5		工件坐标系创建完成

7.4.3 路径创建

在基础实训仿真中进行路径创建的操作步骤见表 7.7。

表 7.7　在基础实训仿真中进行路径创建的操作步骤

序号	图片示例	操作步骤
1	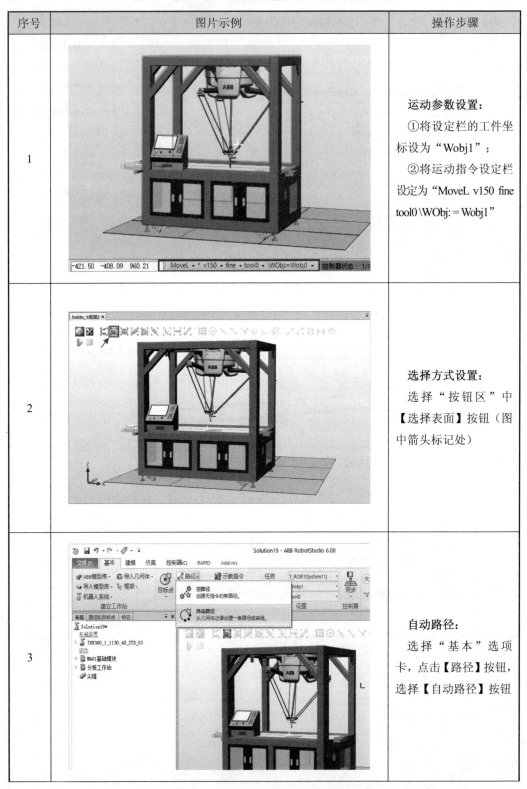	**运动参数设置：**　①将设定栏的工件坐标设为"Wobj1"；　②将运动指令设定栏设定为"MoveL v150 fine tool0 \WObj:＝Wobj1"
2		**选择方式设置：**　选择"按钮区"中【选择表面】按钮（图中箭头标记处）
3		**自动路径：**　选择"基本"选项卡，点击【路径】按钮，选择【自动路径】按钮

续表 7.7

序号	图片示例	操作步骤
4	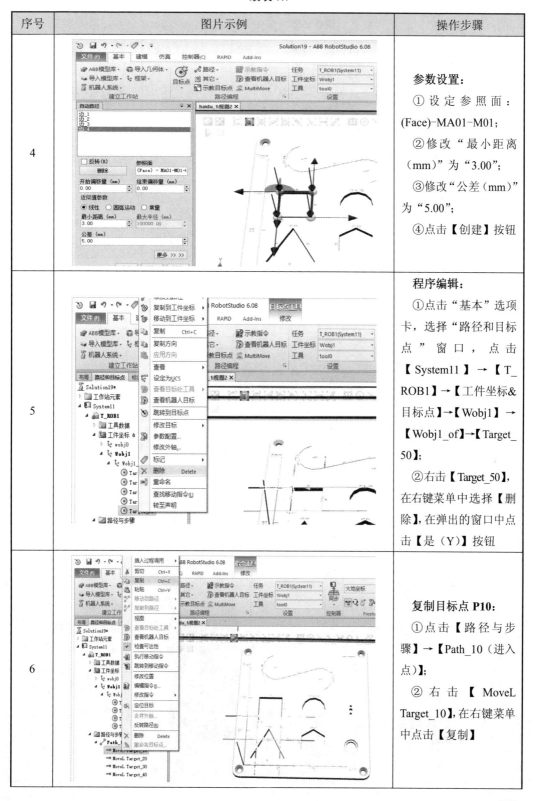	**参数设置：** ① 设定参照面：(Face)-MA01-M01； ②修改"最小距离（mm）"为"3.00"； ③修改"公差（mm）"为"5.00"； ④点击【创建】按钮
5		**程序编辑：** ①点击"基本"选项卡，选择"路径和目标点"窗口，点击【System11】→【T_ROB1】→【工件坐标&目标点】→【Wobj1】→【Wobj1_of】→【Target_50】； ②右击【Target_50】，在右键菜单中选择【删除】，在弹出的窗口中点击【是（Y）】按钮
6		**复制目标点 P10：** ①点击【路径与步骤】→【Path_10（进入点）】； ② 右击【MoveL Target_10】，在右键菜单中点击【复制】

续表 7.7

序号	图片示例	操作步骤
7	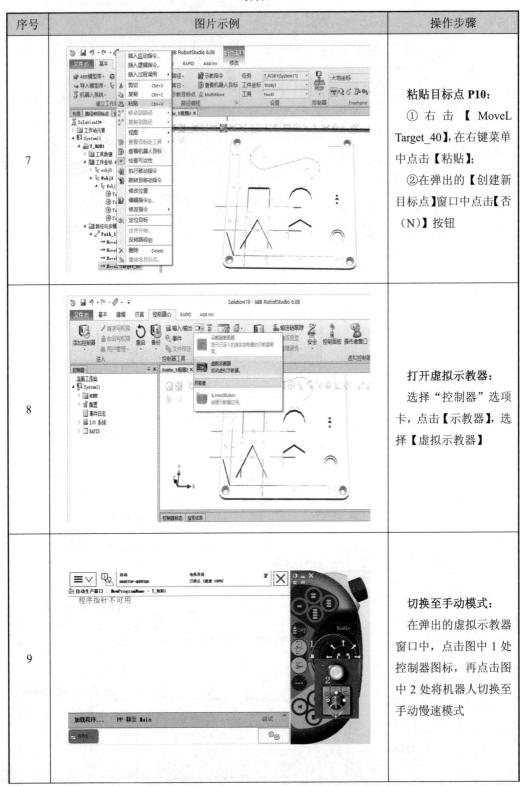	**粘贴目标点 P10：** ①右击【MoveL Target_40】，在右键菜单中点击【粘贴】； ②在弹出的【创建新目标点】窗口中点击【否（N）】按钮
8		**打开虚拟示教器：** 选择"控制器"选项卡，点击【示教器】，选择【虚拟示教器】
9		**切换至手动模式：** 在弹出的虚拟示教器窗口中，点击图中 1 处控制器图标，再点击图中 2 处将机器人切换至手动慢速模式

续表 7.7

序号	图片示例	操作步骤
10	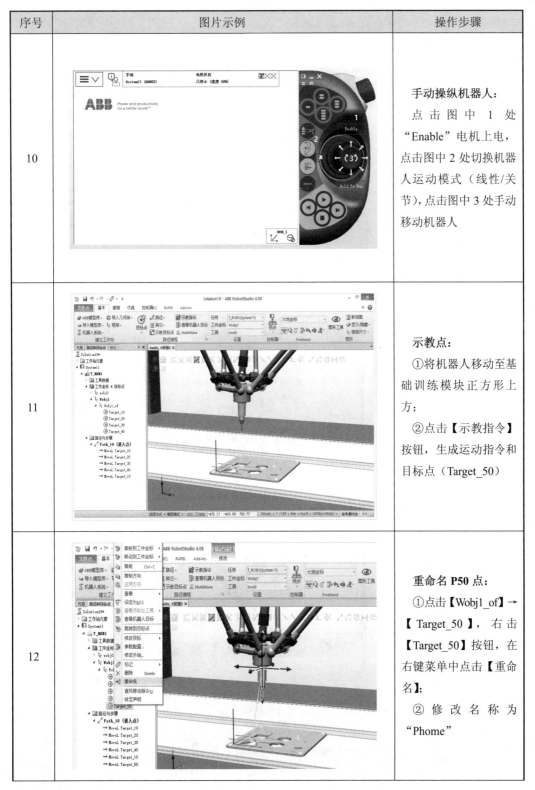	**手动操纵机器人：** 点击图中 1 处"Enable"电机上电，点击图中 2 处切换机器人运动模式（线性/关节），点击图中 3 处手动移动机器人
11		**示教点：** ①将机器人移动至基础训练模块正方形上方； ②点击【示教指令】按钮，生成运动指令和目标点（Target_50）
12		**重命名 P50 点：** ①点击【Wobj1_of】→【Target_50】，右击【Target_50】按钮，在右键菜单中点击【重命名】； ② 修 改 名 称 为"Phome"

续表 7.7

序号	图片示例	操作步骤
13	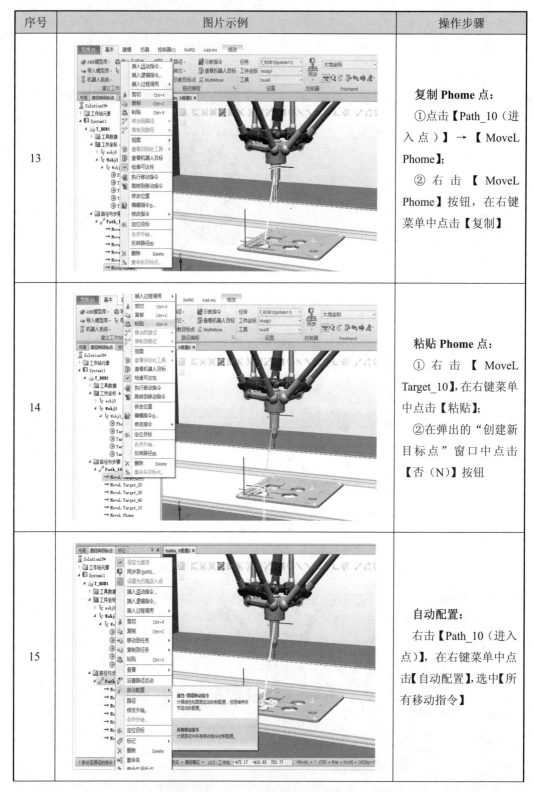	**复制 Phome 点：** ①点击【Path_10（进入点）】→【MoveL Phome】； ② 右 击 【MoveL Phome】按钮，在右键菜单中点击【复制】
14		**粘贴 Phome 点：** ① 右 击 【MoveL Target_10】，在右键菜单中点击【粘贴】； ②在弹出的"创建新目标点"窗口中点击【否（N）】按钮
15		**自动配置：** 右击【Path_10（进入点）】，在右键菜单中点击【自动配置】，选中【所有移动指令】

续表 7.7

序号	图片示例	操作步骤
16	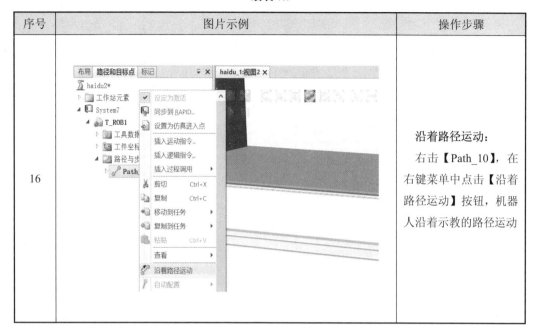	沿着路径运动： 右击【Path_10】，在右键菜单中点击【沿着路径运动】按钮，机器人沿着示教的路径运动

7.4.4　在线仿真

完成路径创建后，即可进行在线仿真演示。通过仿真演示，用户可以直观地看到机器人的运动情况，为后续的项目实施或优化提供依据。基础实训仿真中进行工作站在线仿真演示的操作步骤见表 7.8。

表 7.8　在线仿真演示的操作步骤

序号	图片示例	操作步骤
1		开启同步功能： 选择"基本"选项卡，点击【同步】按钮，然后选择【同步到 RAPID...】按钮，将工作站和虚拟控制器数据同步

续表 **7.8**

序号	图片示例	操作步骤
2	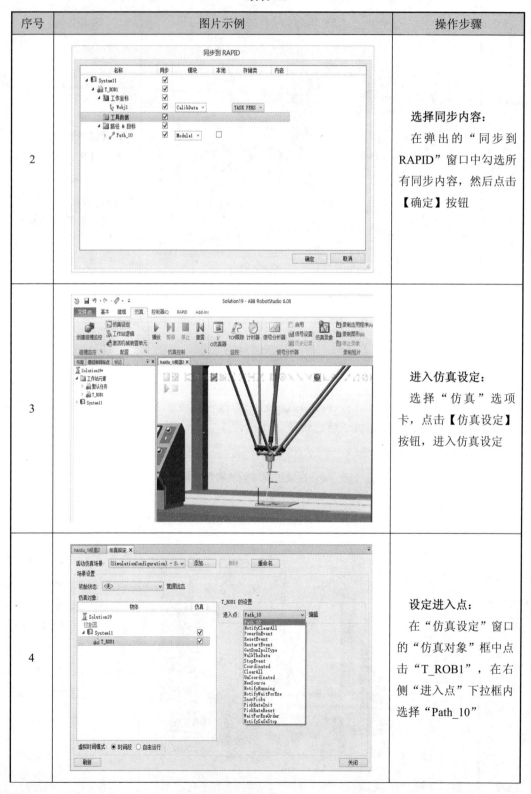	**选择同步内容：** 　在弹出的"同步到RAPID"窗口中勾选所有同步内容，然后点击【确定】按钮
3		**进入仿真设定：** 　选择"仿真"选项卡，点击【仿真设定】按钮，进入仿真设定
4		**设定进入点：** 　在"仿真设定"窗口的"仿真对象"框中点击"T_ROB1"，在右侧"进入点"下拉框内选择"Path_10"

续表 7.8

序号	图片示例	操作步骤
5	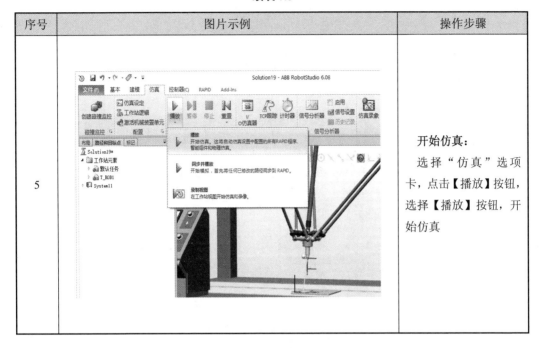	**开始仿真:** 选择"仿真"选项卡,点击【播放】按钮,选择【播放】按钮,开始仿真

7.4.5　程序导出

将 RAPID 程序导入真实机器人中的操作步骤见表 7.9。

表 7.9　将 RAPID 程序导入真实机器人中的操作步骤

序号	图片示例	操作步骤
1	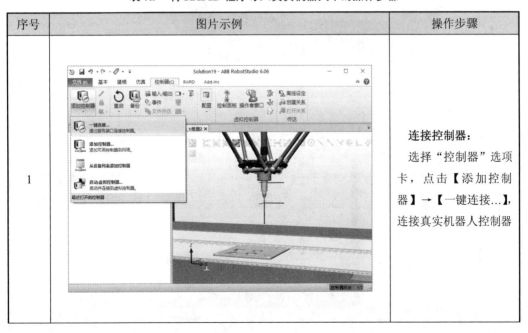	**连接控制器:** 选择"控制器"选项卡,点击【添加控制器】→【一键连接…】,连接真实机器人控制器

续表 7.9

序号	图片示例	操作步骤
2	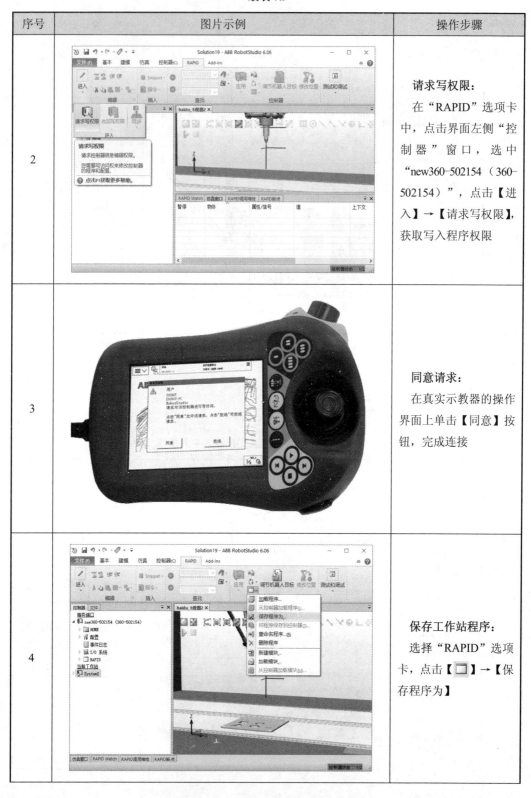	**请求写权限:** 在"RAPID"选项卡中,点击界面左侧"控制器"窗口,选中"new360-502154（360-502154）",点击【进入】→【请求写权限】,获取写入程序权限
3		**同意请求:** 在真实示教器的操作界面上单击【同意】按钮,完成连接
4		**保存工作站程序:** 选择"RAPID"选项卡,点击【□】→【保存程序为】

续表 7.9

序号	图片示例	操作步骤
5	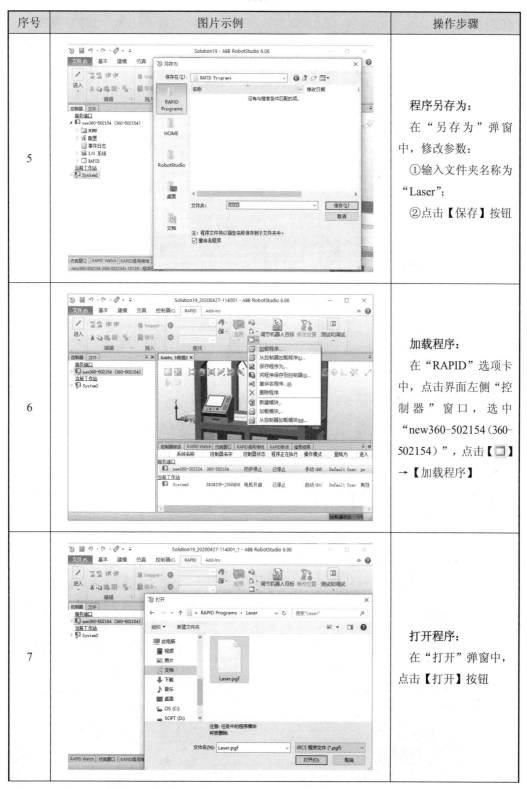	**程序另存为：** 在"另存为"弹窗中，修改参数： ①输入文件夹名称为"Laser"； ②点击【保存】按钮
6		**加载程序：** 在"RAPID"选项卡中，点击界面左侧"控制器"窗口，选中"new360-502154（360-502154）"，点击【□】→【加载程序】
7		**打开程序：** 在"打开"弹窗中，点击【打开】按钮

续表 7.9

序号	图片示例	操作步骤
8	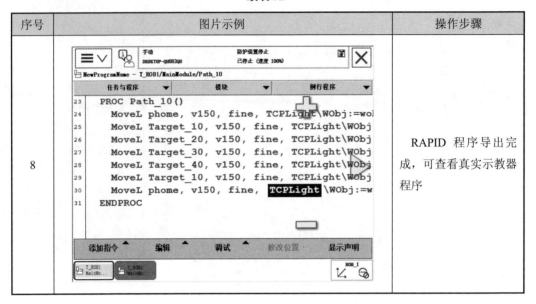	RAPID 程序导出完成，可查看真实示教器程序

7.5　项目验证

7.5.1　效果验证

程序导出完成后将示教器运行速度调至低速，观察机器人运行轨迹是否和预期的路径规划吻合，效果验证的操作步骤见表 7.10。

表 7.10　效果验证的操作步骤

序号	图片示例	操作步骤
1		点击"主菜单"下的【手动操纵】按钮，进入"手动操纵"界面： ①重新标定工具尖锥的工具坐标系为"tool0"； ②重新标定基础模块的工件坐标系为"wobj1"

续表 **7.10**

序号	图片示例	操作步骤
2	使能按钮　+	程序编辑完成后，按住使能按钮，同时按下启动运行按钮，机器人将自动运行
3		到达安全点 Phome
4		到达正方形第一个点 P10

续表 7.10

序号	图片示例	操作步骤
5		到达正方形第二个点 P20
6		到达正方形第三个点 P30
7		到达正方形第四个点 P40

续表 **7.10**

序号	图片示例	操作步骤
8	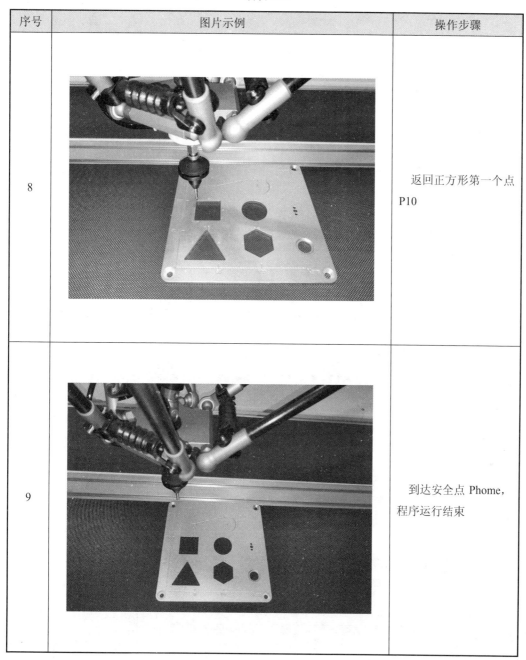	返回正方形第一个点 P10
9		到达安全点 Phome,程序运行结束

7.5.2　数据验证

已知基础功能模块上正方形的边长为 35 mm。程序运行完成后，可查看每一点的位姿数据，通过点位信息也可验证程序的完整性和可行性。查看点位数据的操作步骤见表 7.11。

表 7.11　查看点位数据的操作步骤

序号	图片示例	操作步骤
1	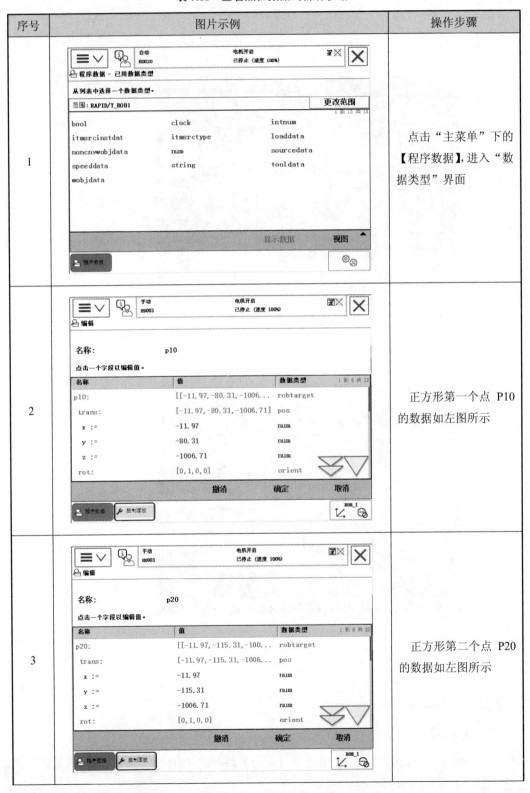	点击"主菜单"下的【程序数据】，进入"数据类型"界面
2		正方形第一个点 P10 的数据如左图所示
3		正方形第二个点 P20 的数据如左图所示

续表 7.11

序号	图片示例	操作步骤
4		正方形第三个点 P30 的数据如左图所示
5		正方形第四个点 P40 的数据如左图所示。查看各个点位的坐标值 X 轴与 Y 轴的数值的相邻点位之间距离为 35 mm，与实际正方形边长匹配

7.6　项目总结

7.6.1　项目评价

填写表 7.12 所示项目评价表。

表 7.12　项目评价表

项目指标		分值	自评	互评	评分说明
项目分析	1. 软件构架分析	8			
	2. 项目流程分析	8			
项目要点	1. 机器人工具创建	8			
	2. 自动路径	8			
项目步骤	1. 模块安装	10			
	2. 坐标系创建	10			
	3. 路径创建	10			
	4. 在线仿真	10			
	5. 程序导出	10			
项目验证	1. 效果验证	10			
	2. 数据验证	8			
合计		100			

7.6.2　项目拓展

通过对本项目的学习，可以对项目进行以下的拓展。

拓展一：创建空路径。通过手动拖拽示教的方式，完成基础功能模块上其他图形的程序的编写与调试。

拓展二：利用自动路径功能完成 S 形轨迹的创建。

第8章 基于离线编程的码垛搬运项目

8.1 项目概况

8.1.1 项目背景

目前，在搬运应用场合中使用的机器人系统大多采用示教再现编程方式，而示教再现编程在实际生产应用中存在精度靠目测、效率低等问题。为提高编程效率，使编程

※ 离线编程的码垛搬运项目介绍

者远离危险的工作环境，改善编程环境，可采用机器人虚拟离线编程，快速高效地构建应用程序。其基本思想是利用离线仿真技术，构建与机器人工作环境一致的虚拟仿真环境，在虚拟模型中引入机器人和场景，操作者能够操纵机器人在虚拟场景中移动，可以选择不同的观察角度，从不同的侧面观察机器人的运动情况。IRB 360 机器人的搬运仿真效果如图 8.1 所示。

图 8.1　IRB 360 机器人的搬运仿真效果

8.1.2 项目目的

（1）掌握搬运实训模块安装导入的操作步骤。

（2）掌握吸盘夹具工具坐标系的创建方法。

（3）掌握机器人 I/O 指令的创建方法。

（4）掌握 Smart 组件的使用方法。

8.2　项目分析

8.2.1　项目构架

基于 Smart 组件的码垛搬运项目包括工业机器人、计算机、搬运模块、搬运工件、气动吸盘等硬件，项目构架如图 8.2 所示。其中，计算机为载体（根据工艺等需求，在计算机的编程软件中构建机器人的应用场景，并生成机器人的运动轨迹），搬运模块和搬运工件为作业对象，工业机器人通过控制气动吸盘取放搬运工件的完成码垛搬运项目的训练。

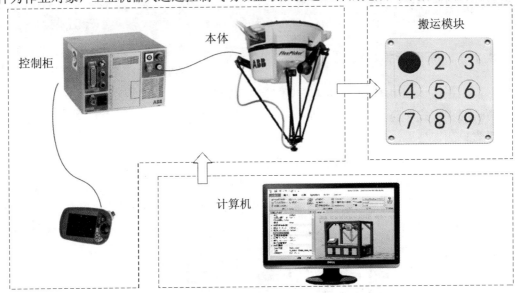

图 8.2　项目构架

8.2.2　项目流程

本项目的项目流程如图 8.3 所示。

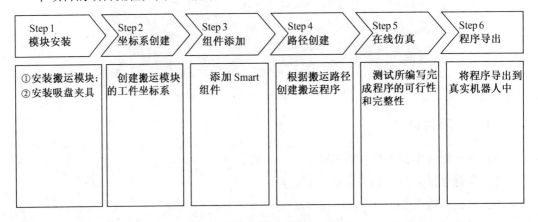

图 8.3　项目流程

8.3　项目要点

8.3.1　吸盘工具创建

吸盘工具创建步骤包括导入机械模型、修改本地原点、添加工具坐标系和创建工具。

1. 导入机械模型

导入吸盘机械模型的操作步骤见表 8.1。

表 8.1　导入吸盘机械模型的操作步骤

序号	图片示例	操作步骤
1	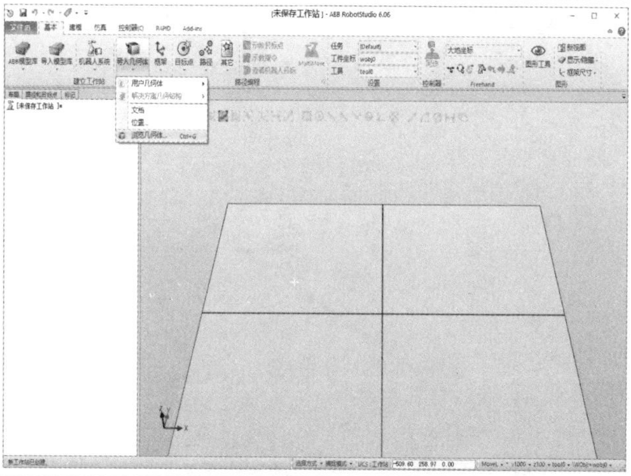	**导入几何体：** 选择"建模"选项卡，点击【导入几何体】按钮→【浏览几何体…】按钮，在浏览窗口中找到并选中"吸盘.wrl"
2	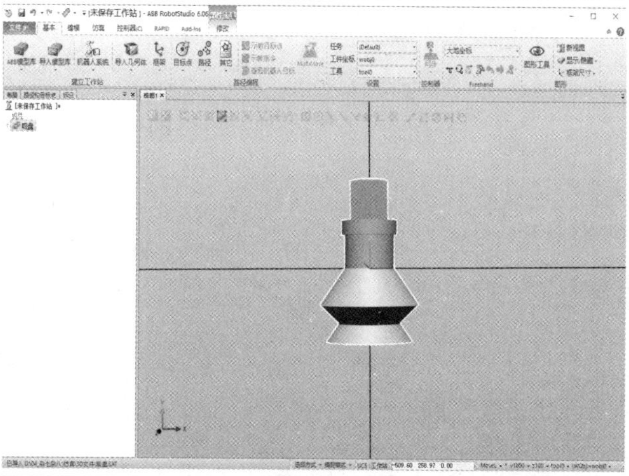	机械模型导入完成

2. 修改本地原点

修改吸盘模型本地原点的操作步骤见表 8.2。

·197·

表 8.2　修改吸盘模型本地原点的操作步骤

序号	图片示例	操作步骤
1	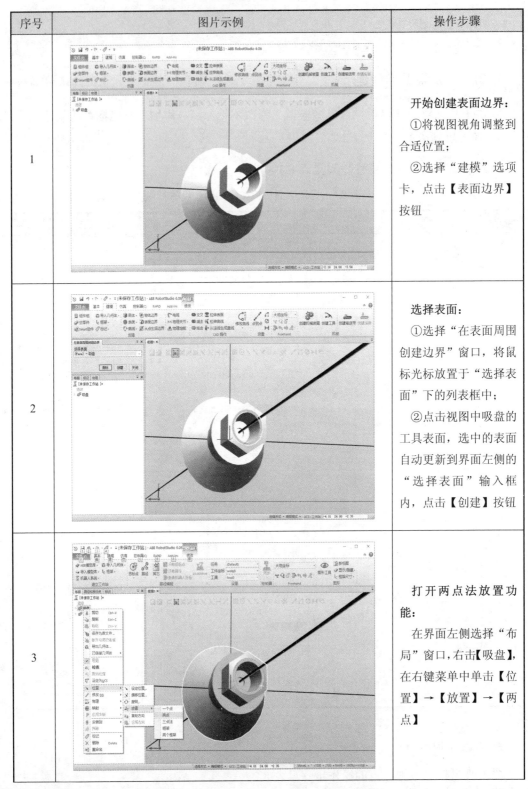	**开始创建表面边界：** ①将视图视角调整到合适位置； ②选择"建模"选项卡，点击【表面边界】按钮
2		**选择表面：** ①选择"在表面周围创建边界"窗口，将鼠标光标放置于"选择表面"下的列表框中； ②点击视图中吸盘的工具表面，选中的表面自动更新到界面左侧的"选择表面"输入框内，点击【创建】按钮
3		**打开两点法放置功能：** 在界面左侧选择"布局"窗口，右击【吸盘】，在右键菜单中单击【位置】→【放置】→【两点】

续表 8.2

序号	图片示例	操作步骤
4	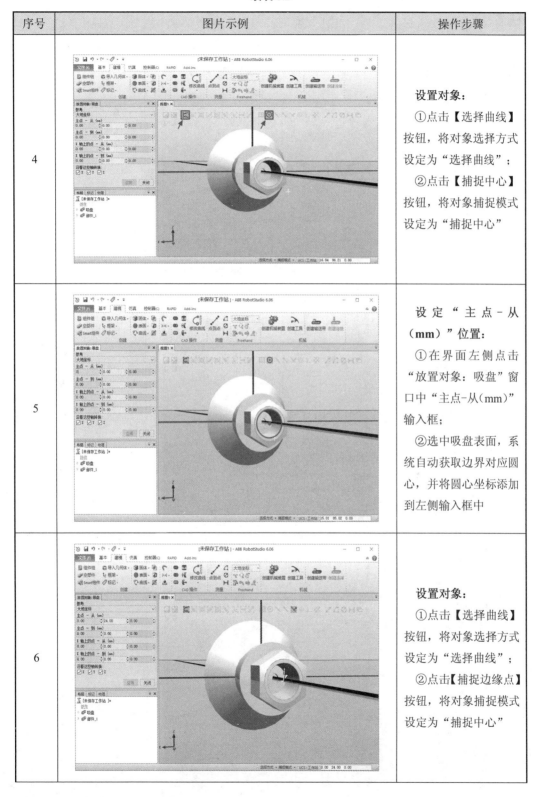	设置对象： ①点击【选择曲线】按钮，将对象选择方式设定为"选择曲线"； ②点击【捕捉中心】按钮，将对象捕捉模式设定为"捕捉中心"
5		设定"主点-从（mm）"位置： ①在界面左侧点击"放置对象：吸盘"窗口中"主点-从（mm）"输入框； ②选中吸盘表面，系统自动获取边界对应圆心，并将圆心坐标添加到左侧输入框中
6		设置对象： ①点击【选择曲线】按钮，将对象选择方式设定为"选择曲线"； ②点击【捕捉边缘点】按钮，将对象捕捉模式设定为"捕捉中心"

续表 8.2

序号	图片示例	操作步骤
7	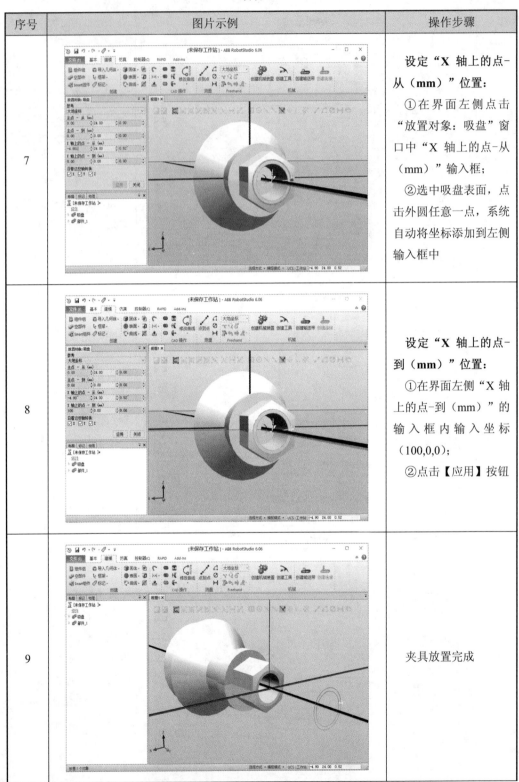	**设定"X 轴上的点-从（mm）"位置：** ①在界面左侧点击"放置对象：吸盘"窗口中"X 轴上的点-从（mm）"输入框； ②选中吸盘表面，点击外圆任意一点，系统自动将坐标添加到左侧输入框中
8		**设定"X 轴上的点-到（mm）"位置：** ①在界面左侧"X 轴上的点-到（mm）"的输入框内输入坐标（100,0,0）； ②点击【应用】按钮
9		夹具放置完成

续表 8.2

序号	图片示例	操作步骤
10	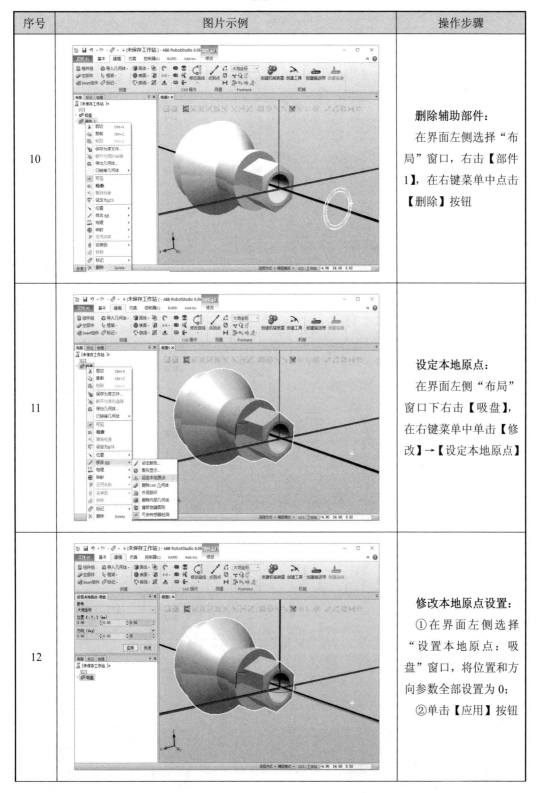	**删除辅助部件：** 在界面左侧选择"布局"窗口，右击【部件1】，在右键菜单中点击【删除】按钮
11		**设定本地原点：** 在界面左侧"布局"窗口下右击【吸盘】，在右键菜单中单击【修改】→【设定本地原点】
12		**修改本地原点设置：** ①在界面左侧选择"设置本地原点：吸盘"窗口，将位置和方向参数全部设置为0； ②单击【应用】按钮

续表 8.2

序号	图片示例	操作步骤
13	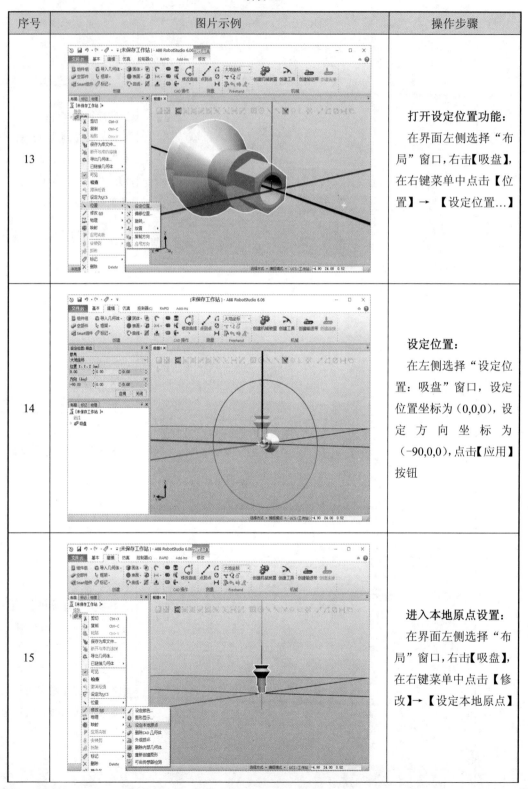	**打开设定位置功能：** 在界面左侧选择"布局"窗口，右击【吸盘】，在右键菜单中点击【位置】→【设定位置…】
14		**设定位置：** 在左侧选择"设定位置：吸盘"窗口，设定位置坐标为（0,0,0），设定方向坐标为（-90,0,0），点击【应用】按钮
15		**进入本地原点设置：** 在界面左侧选择"布局"窗口，右击【吸盘】，在右键菜单中点击【修改】→【设定本地原点】

续表 8.2

序号	图片示例	操作步骤
16	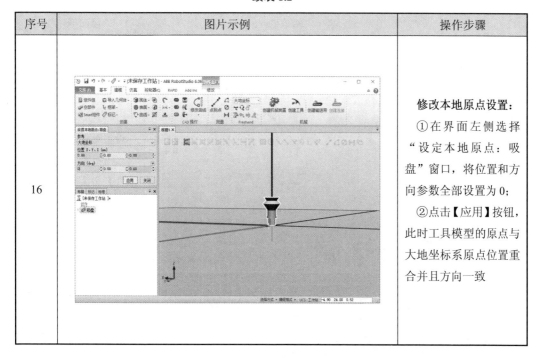	**修改本地原点设置：** ①在界面左侧选择"设定本地原点：吸盘"窗口，将位置和方向参数全部设置为0； ②点击【应用】按钮，此时工具模型的原点与大地坐标系原点位置重合并且方向一致

3. 添加工具坐标系

添加工具坐标系的操作步骤见表 8.3。

表 8.3 添加工具坐标系的操作步骤

序号	图片示例	操作步骤
1	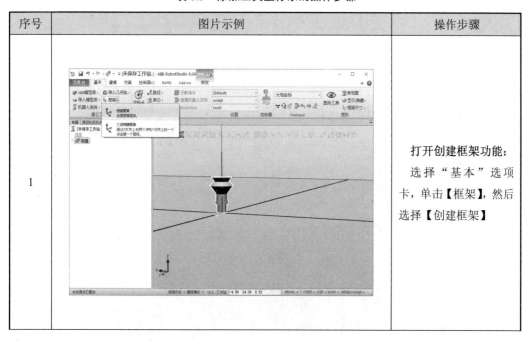	**打开创建框架功能：** 选择"基本"选项卡，单击【框架】，然后选择【创建框架】

续表 8.3

序号	图片示例	操作步骤
2	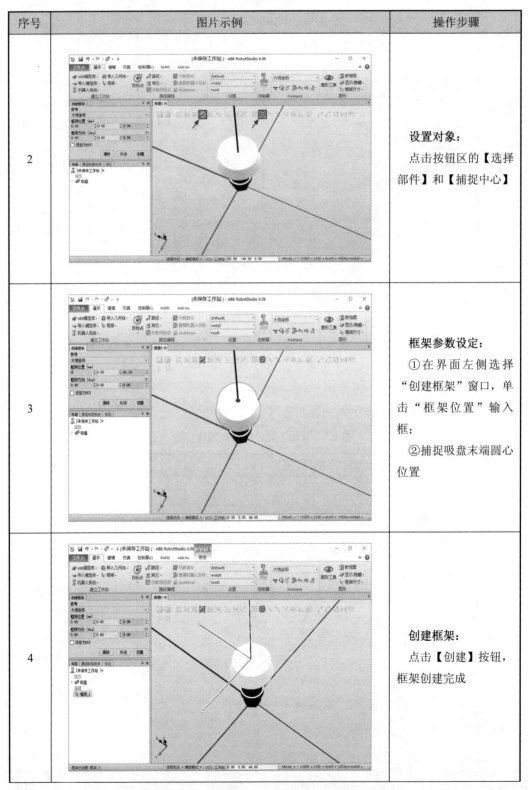	**设置对象:** 点击按钮区的【选择部件】和【捕捉中心】
3		**框架参数设定:** ①在界面左侧选择"创建框架"窗口,单击"框架位置"输入框; ②捕捉吸盘末端圆心位置
4		**创建框架:** 点击【创建】按钮,框架创建完成

续表 8.3

序号	图片示例	操作步骤
5	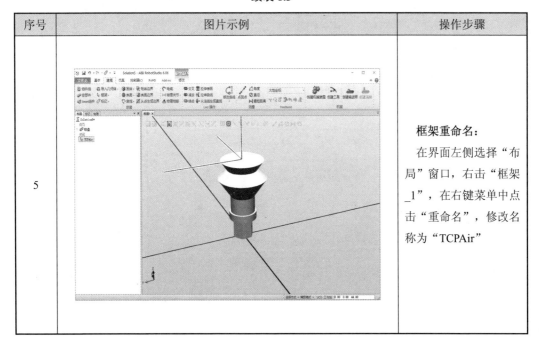	**框架重命名：** 在界面左侧选择"布局"窗口，右击"框架_1"，在右键菜单中点击"重命名"，修改名称为"TCPAir"

4. 创建工具

创建工具的操作步骤见表 8.4。

表 8.4 创建工具的操作步骤

序号	图片示例	操作步骤
1		**开始创建工具：** 选择"建模"选项卡，点击【创建工具】，开启工具创建功能

续表 8.4

序号	图片示例	操作步骤
2	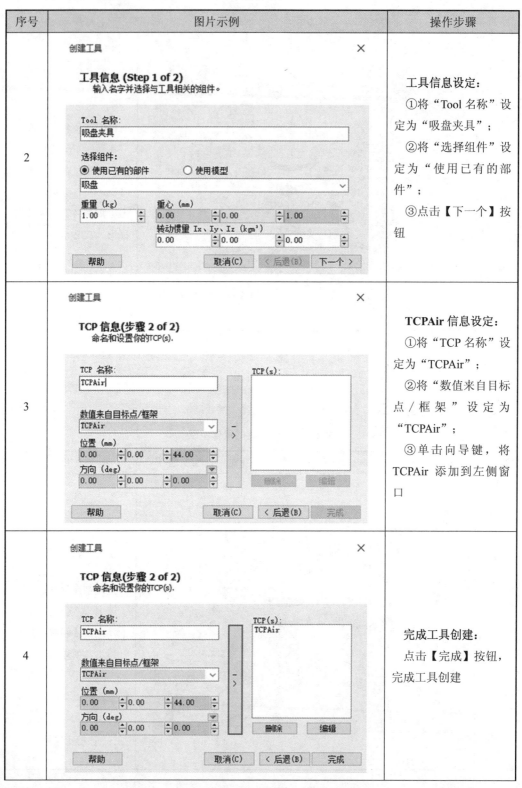	**工具信息设定：** ①将"Tool 名称"设定为"吸盘夹具"； ②将"选择组件"设定为"使用已有的部件"； ③点击【下一个】按钮
3		**TCPAir 信息设定：** ①将"TCP 名称"设定为"TCPAir"； ②将"数值来自目标点/框架"设定为"TCPAir"； ③单击向导键，将TCPAir 添加到左侧窗口
4		**完成工具创建：** 点击【完成】按钮，完成工具创建

续表 8.4

序号	图片示例	操作步骤
5	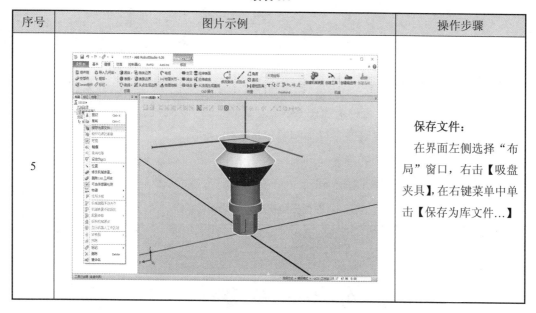	**保存文件：** 在界面左侧选择"布局"窗口，右击【吸盘夹具】，在右键菜单中单击【保存为库文件…】

8.3.2　Smart 组件

RobotStudio 仿真软件为运动机构提供了两种解决方案：基于事件管理器控制运动机构和基于 Smart 组件控制运动机构。前者使用简单、容易掌握，适合动作简单的动画仿真；后者配置复杂，但可以完成更多的动画效果，同时也能够更加高度逼真地模拟现场设备的 I/O 接口与控制逻辑。

本项目中选用基于 Smart 组件控制运动机构，涉及组件包括 LineSensor、LogicSRLatch、LogicGata、Detacher、Attacher，具体说明见表 8.5。

表 8.5　Smart 组件说明

序号	名称	图片	说　　明
1	LineSensor		检测是否有任何对象与两点之间的线段相交
2	LogicSRLatch		设定信号的置位或复位
3	LogicGata		进行数字信号的逻辑运算
4	Detacher		拆除一个已安装的对象
5	Attacher		安装一个对象

8.4　项目步骤

8.4.1　模块安装

本项目选用搬运模块。该实训模块有九个（三行三列）圆形槽，各孔槽均有位置标号，工件为圆饼工件。用户可以通过机器人将工件从一个孔槽搬运到另一个孔槽上。安装搬运实训模块的操作步骤见表 8.6。

※　离线编程的码垛搬运项目步骤

表 8.6　安装搬运实训模块的操作步骤

序号	图片示例	操作步骤
1		**工作站搭建：** ①从"ABB 模型库"中导入机器人； ②从"导入几何体"中导入工作站模型，并将机器人放置到工作站的合适位置； ③从"导入模型库"中导入工具吸盘，并安装到机器人
2		**导入搬运模块：** 选择"基本"选项卡，点击【导入模型库】→【浏览库文件...】，在弹出的浏览窗口中选中"MA04 搬运模块"

续表 8.6

序号	图片示例	操作步骤
3	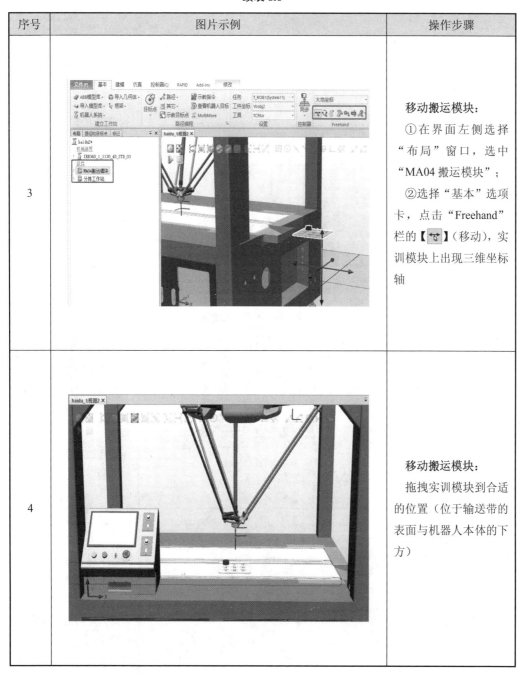	**移动搬运模块：** ①在界面左侧选择"布局"窗口，选中"MA04 搬运模块"； ②选择"基本"选项卡，点击"Freehand"栏的【🕈】（移动），实训模块上出现三维坐标轴
4		**移动搬运模块：** 拖拽实训模块到合适的位置（位于输送带的表面与机器人本体的下方）

8.4.2　坐标系创建

本任务选择创建搬运模块的工件坐标系以便简化后续编程示教操作。创建工件坐标系的操作步骤见表 8.7。

表8.7　创建工件坐标系的操作步骤

序号	图片示例	操作步骤
1	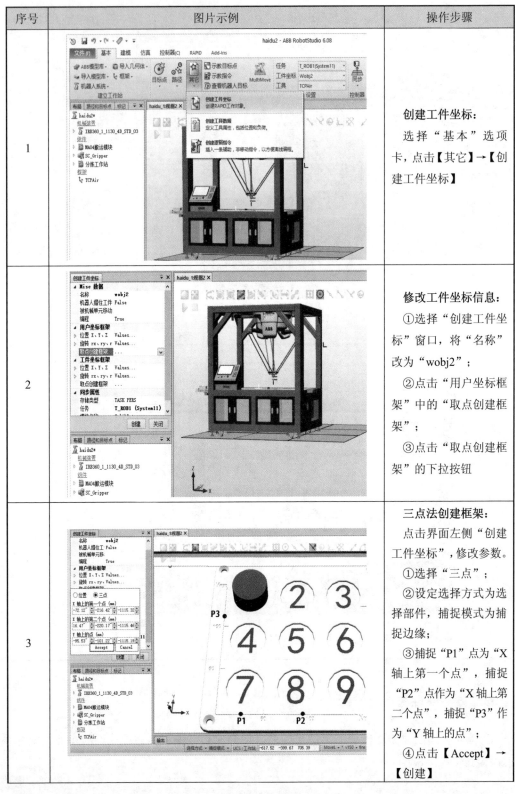	**创建工件坐标：** 选择"基本"选项卡，点击【其它】→【创建工件坐标】
2		**修改工件坐标信息：** ①选择"创建工件坐标"窗口，将"名称"改为"wobj2"； ②点击"用户坐标框架"中的"取点创建框架"； ③点击"取点创建框架"的下拉按钮
3		**三点法创建框架：** 点击界面左侧"创建工件坐标"，修改参数。 ①选择"三点"； ②设定选择方式为选择部件，捕捉模式为捕捉边缘； ③捕捉"P1"点为"X轴上第一个点"，捕捉"P2"点作为"X轴上第二个点"，捕捉"P3"作为"Y轴上的点"； ④点击【Accept】→【创建】

续表 8.7

序号	图片示例	操作步骤
4		坐标系创建完成

8.4.3　组件添加

1. 工具属性设定

在本任务中将会创建一个 Smart 组件，并对其进行相关设定，使其具有工具的特性，以实现后续的动态效果。Smart 组件创建的操作步骤见表 8.8。

表 8.8　Smart 组件创建的操作步骤

序号	图片示例	操作步骤
1	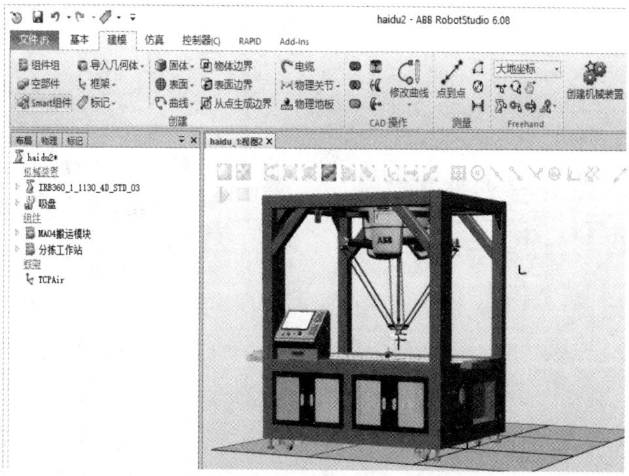	**新建 Smart 组件：** 选择"建模"选项卡，点击【Smart 组件】按钮

续表 8.8

序号	图片示例	操作步骤
2	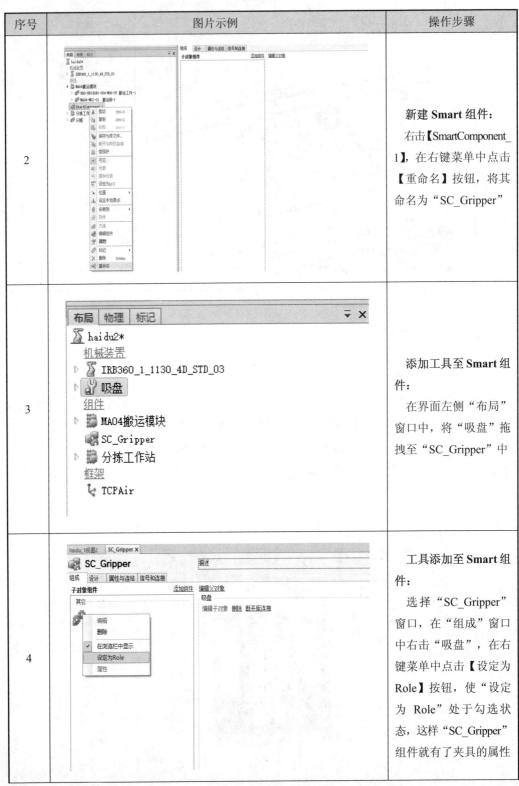	**新建 Smart 组件：** 右击【SmartComponent_1】，在右键菜单中点击【重命名】按钮，将其命名为"SC_Gripper"
3		**添加工具至 Smart 组件：** 在界面左侧"布局"窗口中，将"吸盘"拖拽至"SC_Gripper"中
4		**工具添加至 Smart 组件：** 选择"SC_Gripper"窗口，在"组成"窗口中右击"吸盘"，在右键菜单中点击【设定为Role】按钮，使"设定为 Role"处于勾选状态，这样"SC_Gripper"组件就有了夹具的属性

续表 8.8

序号	图片示例	操作步骤
5	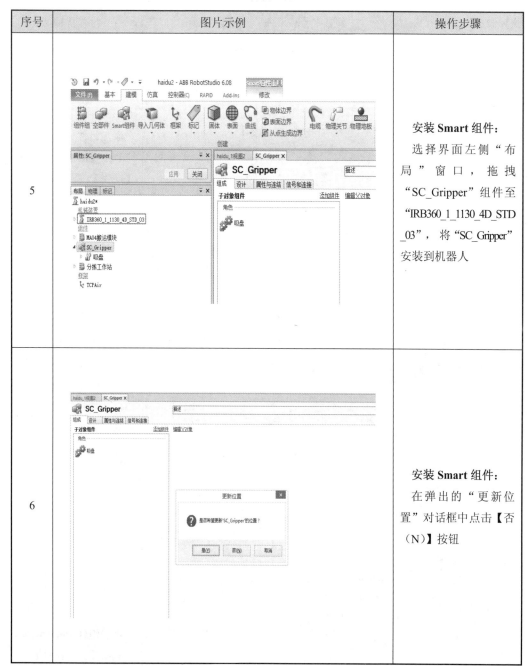	**安装 Smart 组件：** 选择界面左侧"布局"窗口，拖拽"SC_Gripper"组件至"IRB360_1_1130_4D_STD_03"，将"SC_Gripper"安装到机器人
6		**安装 Smart 组件：** 在弹出的"更新位置"对话框中点击【否（N）】按钮

2. 拾取释放动作设定

在搬运实训仿真中，为了实现真空吸盘在吸取和释放工件时的动画效果，需要进行拾取释放动作设定。拾取释放动作设定的操作步骤见表 8.9。

表 8.9　拾取释放动作设定的操作步骤

序号	图片示例	操作步骤
1	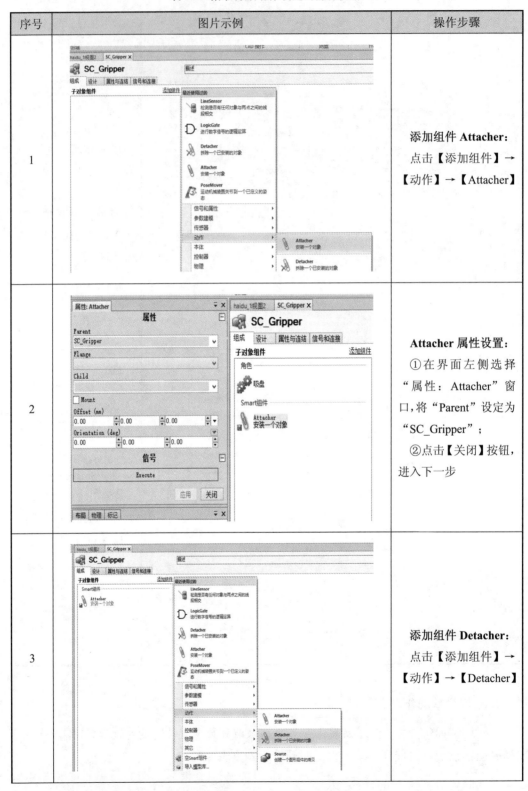	**添加组件 Attacher：** 点击【添加组件】→ 【动作】→【Attacher】
2		**Attacher 属性设置：** ①在界面左侧选择 "属性：Attacher"窗 口，将"Parent"设定为 "SC_Gripper"； ②点击【关闭】按钮， 进入下一步
3		**添加组件 Detacher：** 点击【添加组件】→ 【动作】→【Detacher】

续表 8.9

序号	图片示例	操作步骤
4	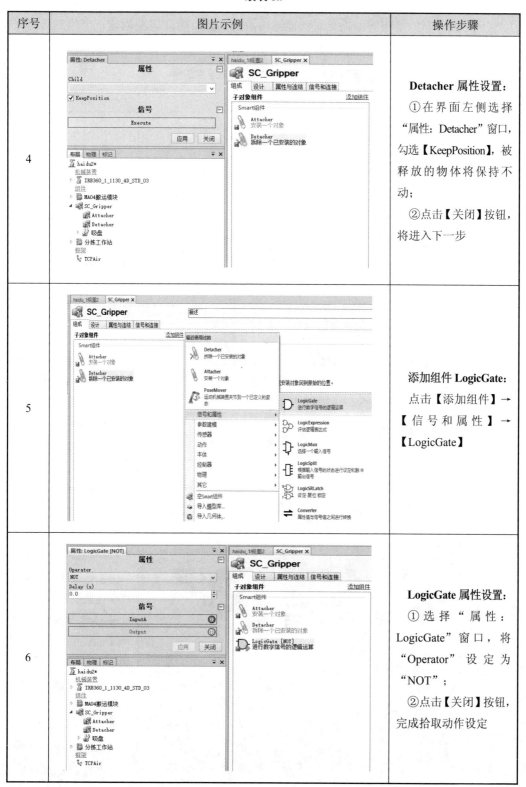	**Detacher 属性设置：** ①在界面左侧选择"属性：Detacher"窗口，勾选【KeepPosition】，被释放的物体将保持不动； ②点击【关闭】按钮，将进入下一步
5		**添加组件 LogicGate：** 点击【添加组件】→【信号和属性】→【LogicGate】
6		**LogicGate 属性设置：** ①选择"属性：LogicGate"窗口，将"Operator"设定为"NOT"； ②点击【关闭】按钮，完成拾取动作设定

3. 检测传感器创建

实现拾取和释放效果的前提是系统能够检测到物体，因此需要创建一个检测传感器。创建检测传感器的操作步骤见表 8.10。

表 8.10　创建检测传感器的操作步骤

序号	图片示例	操作步骤
1	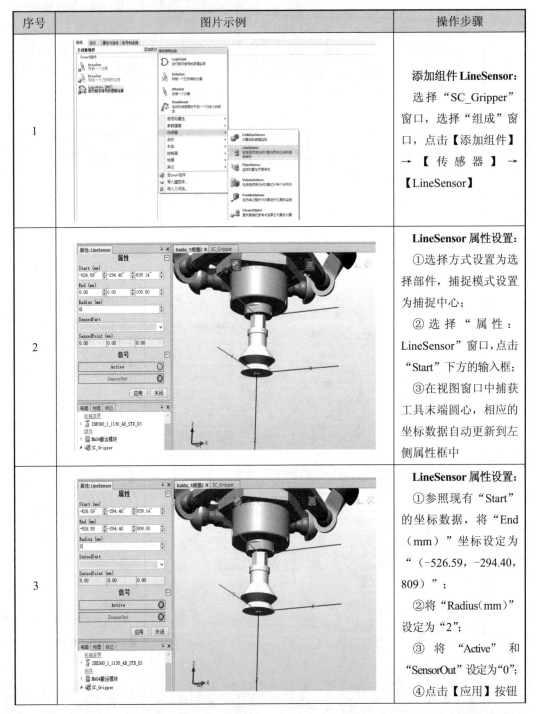	**添加组件 LineSensor：** 选择"SC_Gripper"窗口，选择"组成"窗口，点击【添加组件】→【传感器】→【LineSensor】
2		**LineSensor 属性设置：** ①选择方式设置为选择部件，捕捉模式设置为捕捉中心；②选择"属性：LineSensor"窗口，点击"Start"下方的输入框；③在视图窗口中捕获工具末端圆心，相应的坐标数据自动更新到左侧属性框中
3		**LineSensor 属性设置：** ①参照现有"Start"的坐标数据，将"End（mm）"坐标设定为"（-526.59，-294.40，809）"；②将"Radius（mm）"设定为"2"；③将"Active"和"SensorOut"设定为"0"；④点击【应用】按钮

续表 8.10

序号	图片示例	操作步骤
4	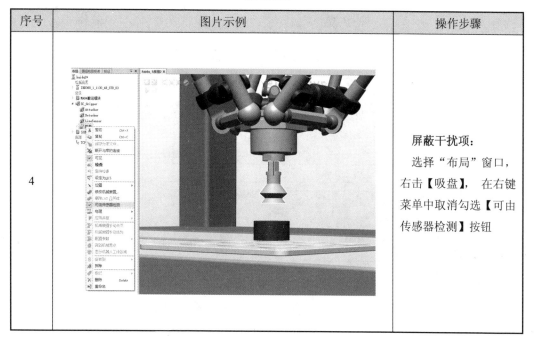	**屏蔽干扰项:** 选择"布局"窗口,右击【吸盘】,在右键菜单中取消勾选【可由传感器检测】按钮

关于虚拟传感器的使用还有一项限制,即当物体与传感器接触时,如果接触部分完全覆盖了整个传感器,则传感器不能检测到与之接触的物体。换言之,若要传感器准确检测到物体,则必须保证在接触时传感器的一部分在物体内部,一部分在物体外部。所以为了避免在吸盘拾取产品时该传感器完全"浸入"产品内部,手动将起始点 Start 的 Z 值加大,以保证拾取时传感器一部分在产品内部,一部分在传感器外部,这样才能够准确地检测到该产品。

此外需指出,虚拟传感器一次只能检测一个物体,所以需要保证所创建的传感器不能与周边设备接触,否则无法检测运动到输送带末端的产品。用户可以在创建虚拟传感器时避开周边设备,也可将可能与该传感器接触的周边设备的属性改为"不可由传感器检测"。

4. 属性连结设定

属性连结指的是各 Smart 子组件的某项属性之间的连结,例如组件 A 中的某项属性 a1 与组件 B 中的某项属性 b1 之间建立属性连结,则当 a1 发生变化时,b1 也随着一起变化。

在搬运实训仿真中,设定 LineSensor 组件的检测传感器连结 Attacher 组件的子对象(工件),属性与连结设定的操作步骤见表 8.11。

表 8.11　属性与连结设定的操作步骤

序号	图片示例	操作步骤
1	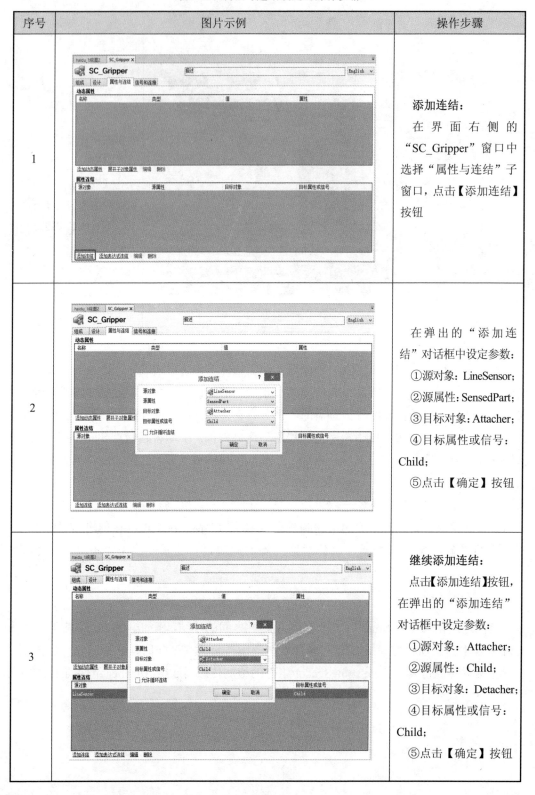	**添加连结：** 在界面右侧的"SC_Gripper"窗口中选择"属性与连结"子窗口，点击【添加连结】按钮
2		在弹出的"添加连结"对话框中设定参数： ①源对象：LineSensor； ②源属性：SensedPart； ③目标对象：Attacher； ④目标属性或信号：Child； ⑤点击【确定】按钮
3		**继续添加连结：** 点击【添加连结】按钮，在弹出的"添加连结"对话框中设定参数： ①源对象：Attacher； ②源属性：Child； ③目标对象：Detacher； ④目标属性或信号：Child； ⑤点击【确定】按钮

设定完成之后可实现的效果是：当工具上的线传感器 LineSensor 检测到物体 A 时，物体 A 即作为所要拾取的对象，被工具拾取。将物体 A 拾取之后，机器人运动到指定位置，执行释放动作，则物体 A 作为被释放的对象被工具释放。

5. 创建 I/O 信号和连接

I/O 信号指的是在本工作站中自行创建的数字信号，用于与各个 Smart 子组件进行信号交互。I/O 连接指的是创建的 I/O 信号与 Smart 子组件信号，以及各 Smart 子组件间的信号连接关系。动态搬运工具系统需要一个输入信号，用来控制抓取和释放动作的执行。各个内部组件的信号也需要关联起来。因此需要创建和关联相关信号。在搬运实训仿真中添加 I/O 信号和连接的操作步骤见表 8.12。

表 8.12   添加 I/O 信号和连接的操作步骤

序号	图片示例	操作步骤
1		**添加 I/O Signals：** 选择"SC_Gripper"窗口中的"信号和连接"窗口，点击【添加 I/O Signals】按钮
2		① 在"添加 I/O Signals"对话框中，将"信号类型"设定为"DigitalInput"，将"信号名称"设为"diGripper"；②点击【确定】按钮

续表 8.12

序号	图片示例	操作步骤
3	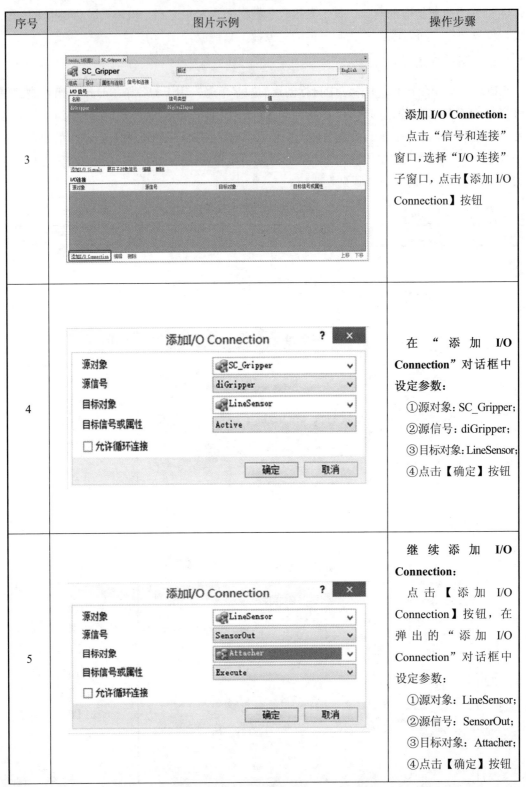	**添加 I/O Connection：** 点击"信号和连接"窗口,选择"I/O 连接"子窗口,点击【添加 I/O Connection】按钮
4		在"添加 I/O Connection"对话框中设定参数： ①源对象：SC_Gripper； ②源信号：diGripper； ③目标对象：LineSensor； ④点击【确定】按钮
5		继续添加 I/O Connection： 点击【添加 I/O Connection】按钮,在弹出的"添加 I/O Connection"对话框中设定参数： ①源对象：LineSensor； ②源信号：SensorOut； ③目标对象：Attacher； ④点击【确定】按钮

续表 8.12

序号	图片示例	操作步骤
6	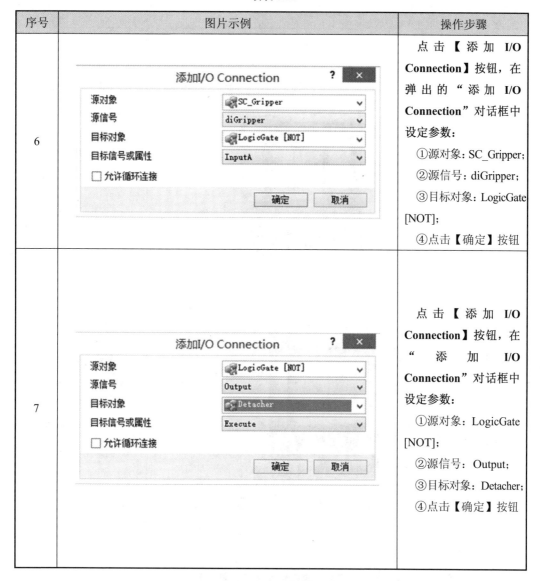	点击【添加 I/O Connection】按钮，在弹出的"添加 I/O Connection"对话框中设定参数： ①源对象：SC_Gripper； ②源信号：diGripper； ③目标对象：LogicGate [NOT]； ④点击【确定】按钮
7		点击【添加 I/O Connection】按钮，在"添加 I/O Connection"对话框中设定参数： ①源对象：LogicGate [NOT]； ②源信号：Output； ③目标对象：Detacher； ④点击【确定】按钮

在表 8.12 中创建了四个连接，整个事件的触发流程如下：

（1）当抓取信号 diGripper 置 1 时，线传感器开始检测。

（2）如果检测到产品与 LineSensor 发生接触，则触发拾取动作，夹具拾取产品。

（3）当抓取信号 diGripper 置 0 时，释放动作被触发，夹具释放产品。

8.4.4　路径创建

1. 创建搬运路径

在搬运实训仿真中，创建搬运路径的操作步骤见表 8.13。

表 8.13　创建搬运路径的操作步骤

序号	图片示例	操作步骤
1	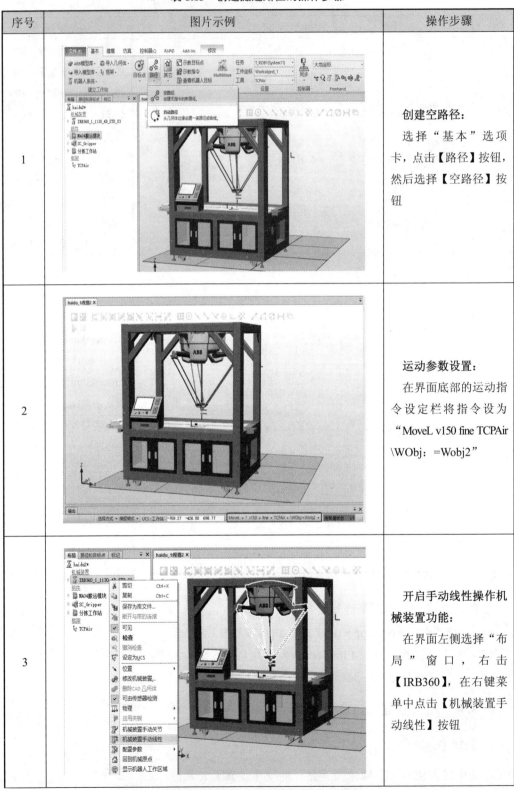	**创建空路径：** 选择"基本"选项卡，点击【路径】按钮，然后选择【空路径】按钮
2		**运动参数设置：** 在界面底部的运动指令设定栏将指令设为"MoveL v150 fine TCPAir \WObj：=Wobj2"
3		**开启手动线性操作机械装置功能：** 在界面左侧选择"布局"窗口，右击【IRB360】，在右键菜单中点击【机械装置手动线性】按钮

续表 8.13

序号	图片示例	操作步骤
4	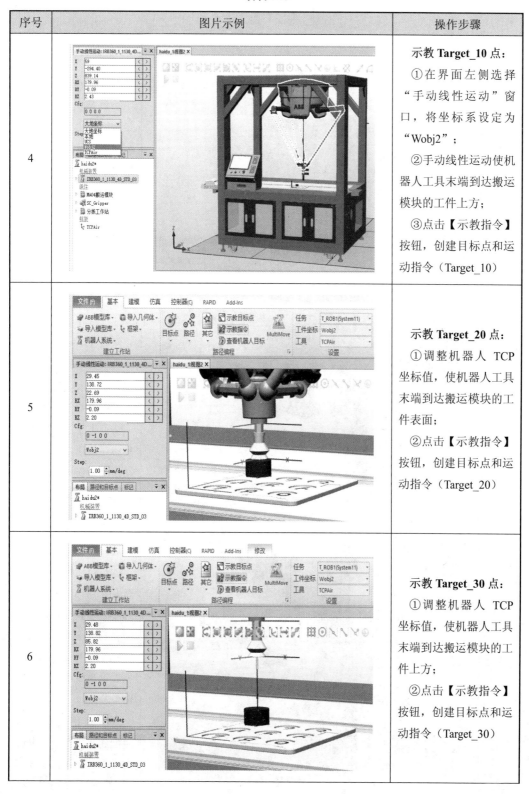	**示教 Target_10 点：** ①在界面左侧选择"手动线性运动"窗口，将坐标系设定为"Wobj2"； ②手动线性运动使机器人工具末端到达搬运模块的工件上方； ③点击【示教指令】按钮，创建目标点和运动指令（Target_10）
5		**示教 Target_20 点：** ①调整机器人 TCP坐标值，使机器人工具末端到达搬运模块的工件表面； ②点击【示教指令】按钮，创建目标点和运动指令（Target_20）
6		**示教 Target_30 点：** ①调整机器人 TCP坐标值，使机器人工具末端到达搬运模块的工件上方； ②点击【示教指令】按钮，创建目标点和运动指令（Target_30）

续表 8.13

序号	图片示例	操作步骤
7	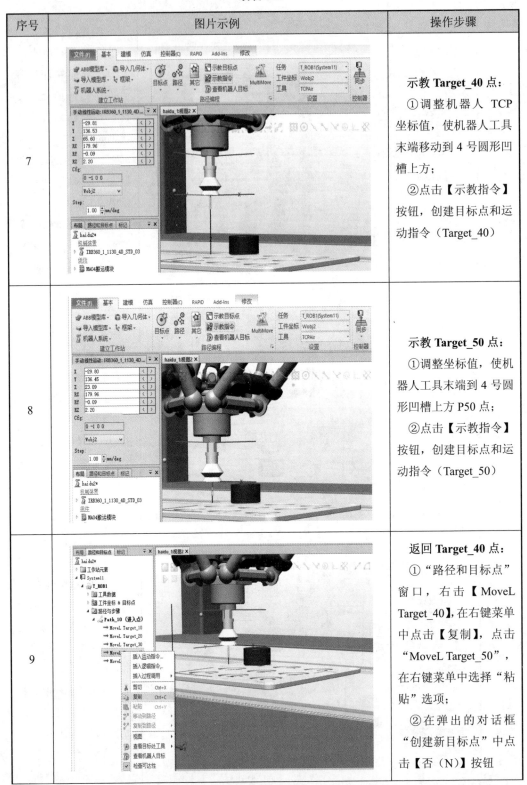	**示教 Target_40 点：** ①调整机器人 TCP 坐标值，使机器人工具末端移动到 4 号圆形凹槽上方； ②点击【示教指令】按钮，创建目标点和运动指令（Target_40）
8		**示教 Target_50 点：** ①调整坐标值，使机器人工具末端到 4 号圆形凹槽上方 P50 点； ②点击【示教指令】按钮，创建目标点和运动指令（Target_50）
9		**返回 Target_40 点：** ①"路径和目标点"窗口，右击【MoveL Target_40】，在右键菜单中点击【复制】，点击"MoveL Target_50"，在右键菜单中选择"粘贴"选项； ②在弹出的对话框"创建新目标点"中点击【否（N）】按钮

续表 8.13

序号	图片示例	操作步骤
10	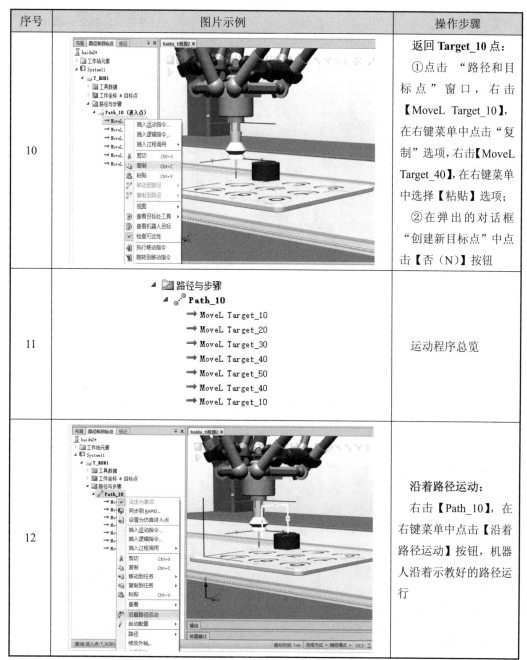	**返回 Target_10 点：** ①点击 "路径和目标点" 窗口，右击【MoveL Target_10】，在右键菜单中点击"复制"选项，右击【MoveL Target_40】，在右键菜单中选择【粘贴】选项； ②在弹出的对话框"创建新目标点"中点击【否（N）】按钮
11	▲ 📁路径与步骤 　　▲ 📁 **Path_10** 　　　→ MoveL Target_10 　　　→ MoveL Target_20 　　　→ MoveL Target_30 　　　→ MoveL Target_40 　　　→ MoveL Target_50 　　　→ MoveL Target_40 　　　→ MoveL Target_10	运动程序总览
12		**沿着路径运动：** 右击【Path_10】，在右键菜单中点击【沿着路径运动】按钮，机器人沿着示教好的路径运行

2. 创建 I/O 信号

路径创建完成后还需要创建 I/O 信号，控制工具的抓取和释放动作。创建 I/O 信号的操作步骤见表 8.14。

表 8.14　创建 I/O 指令信号的操作步骤

序号	图片示例	操作步骤
1	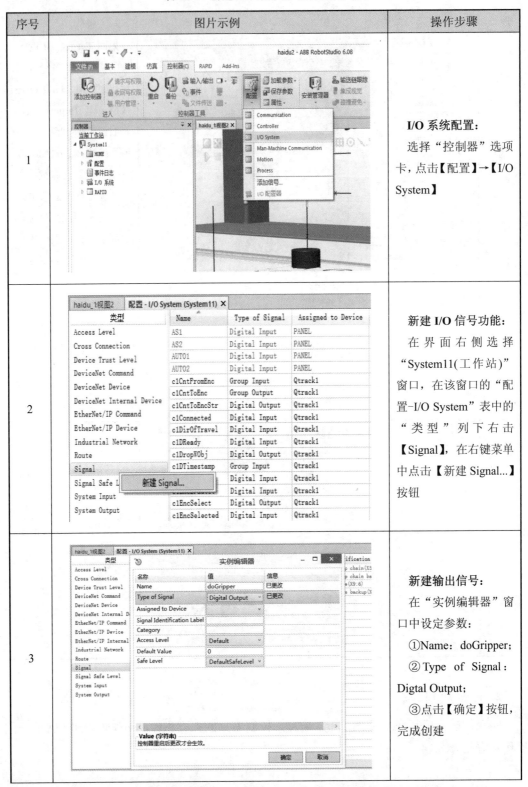	**I/O 系统配置：** 选择"控制器"选项卡，点击【配置】→【I/O System】
2		**新建 I/O 信号功能：** 在界面右侧选择"System11（工作站）"窗口，在该窗口的"配置-I/O System"表中的"类型"列下右击【Signal】，在右键菜单中点击【新建 Signal...】按钮
3		**新建输出信号：** 在"实例编辑器"窗口中设定参数： ①Name：doGripper； ②Type of Signal：Digtal Output； ③点击【确定】按钮，完成创建

续表 8.14

序号	图片示例	操作步骤
4	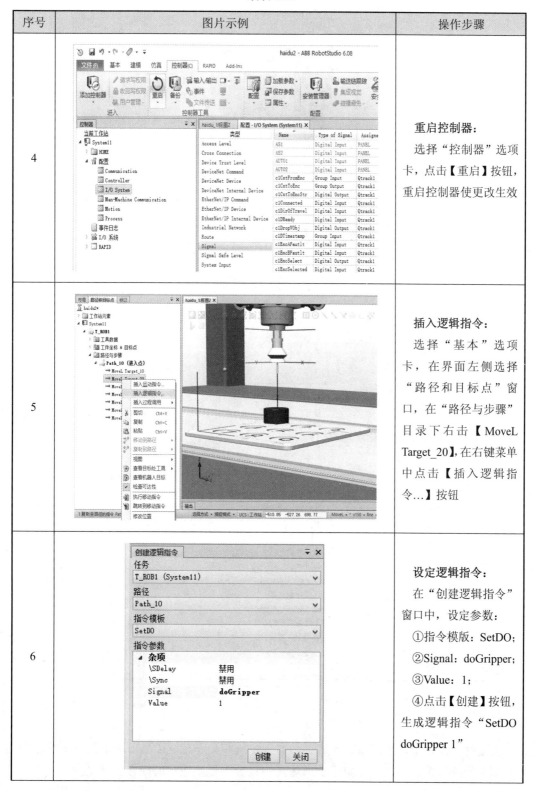	**重启控制器：** 选择"控制器"选项卡，点击【重启】按钮，重启控制器使更改生效
5		**插入逻辑指令：** 选择"基本"选项卡，在界面左侧选择"路径和目标点"窗口，在"路径与步骤"目录下右击【MoveL Target_20】，在右键菜单中点击【插入逻辑指令…】按钮
6		**设定逻辑指令：** 在"创建逻辑指令"窗口中，设定参数： ①指令模版：SetDO； ②Signal：doGripper； ③Value：1； ④点击【创建】按钮，生成逻辑指令"SetDO doGripper 1"

续表 8.14

序号	图片示例	操作步骤
7	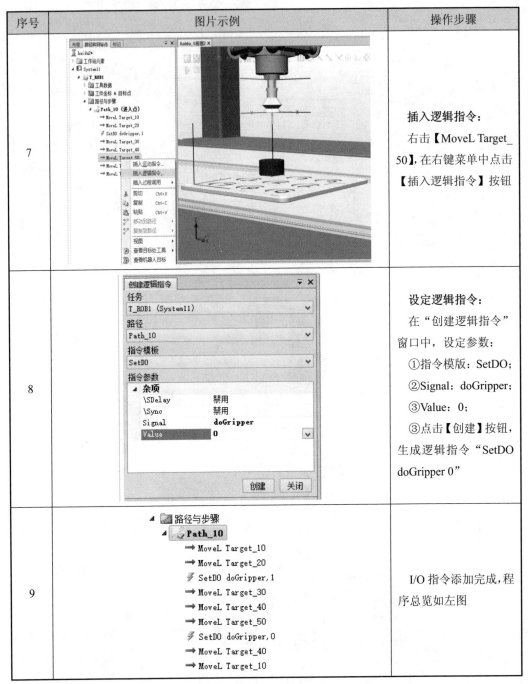	**插入逻辑指令：** 右击【MoveL Target_50】，在右键菜单中点击【插入逻辑指令】按钮
8		**设定逻辑指令：** 在"创建逻辑指令"窗口中，设定参数： ①指令模版：SetDO； ②Signal：doGripper； ③Value：0； ③点击【创建】按钮，生成逻辑指令"SetDO doGripper 0"
9		I/O 指令添加完成，程序总览如左图

3. 工作站逻辑设定

在之前的操作中，我们已经创建了机器人系统和动态搬运工具，现在要将工作站中这两个单元的信号关联起来。在搬运实训仿真中设定工作站逻辑的操作步骤见表 8.15。

表 8.15　设定工作站逻辑的操作步骤

序号	图片示例	操作步骤
1	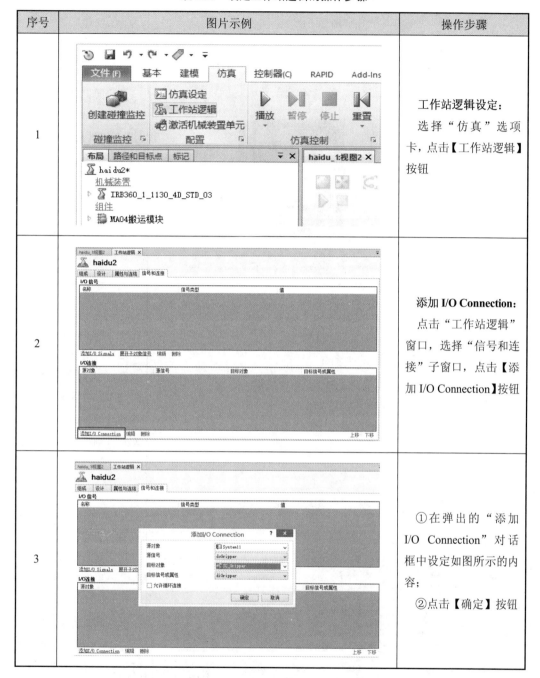	工作站逻辑设定： 选择"仿真"选项卡，点击【工作站逻辑】按钮
2		添加 I/O Connection： 点击"工作站逻辑"窗口，选择"信号和连接"子窗口，点击【添加 I/O Connection】按钮
3		①在弹出的"添加 I/O Connection"对话框中设定如图所示的内容； ②点击【确定】按钮

8.4.5　在线仿真

完成路径创建后即可进行仿真及调试。通过仿真演示，用户可以直观地看到机器人的运动情况，为后续的项目实施或优化提供依据。搬运实训仿真中进行工作站在线仿真演示的操作步骤见表 8.16。

表 8.16　工作站在线仿真演示的操作步骤

序号	图片示例	操作步骤
1	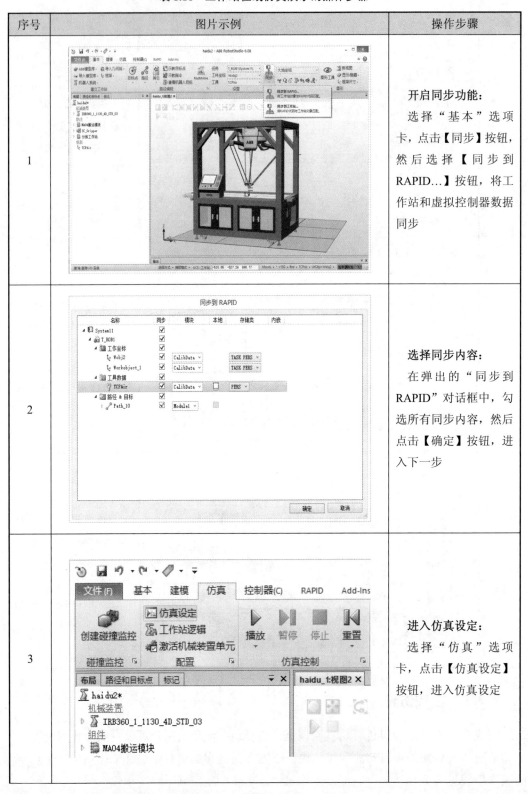	**开启同步功能：**　选择"基本"选项卡，点击【同步】按钮，然后选择【同步到 RAPID…】按钮，将工作站和虚拟控制器数据同步
2		**选择同步内容：**　在弹出的"同步到 RAPID"对话框中，勾选所有同步内容，然后点击【确定】按钮，进入下一步
3		**进入仿真设定：**　选择"仿真"选项卡，点击【仿真设定】按钮，进入仿真设定

续表 8.16

序号	图片示例	操作步骤
4	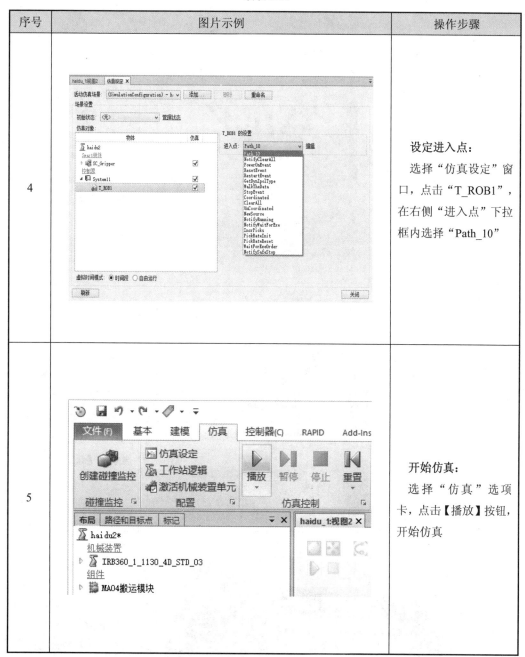	设定进入点： 选择"仿真设定"窗口，点击"T_ROB1"，在右侧"进入点"下拉框内选择"Path_10"
5		开始仿真： 选择"仿真"选项卡，点击【播放】按钮，开始仿真

8.4.6　程序导出

将 RAPID 程序导出到真实机器人中的操作步骤见表 8.17。

表 8.17　将 RAPID 程序导出到真实机器人中的操作步骤

序号	图片示例	操作步骤
1	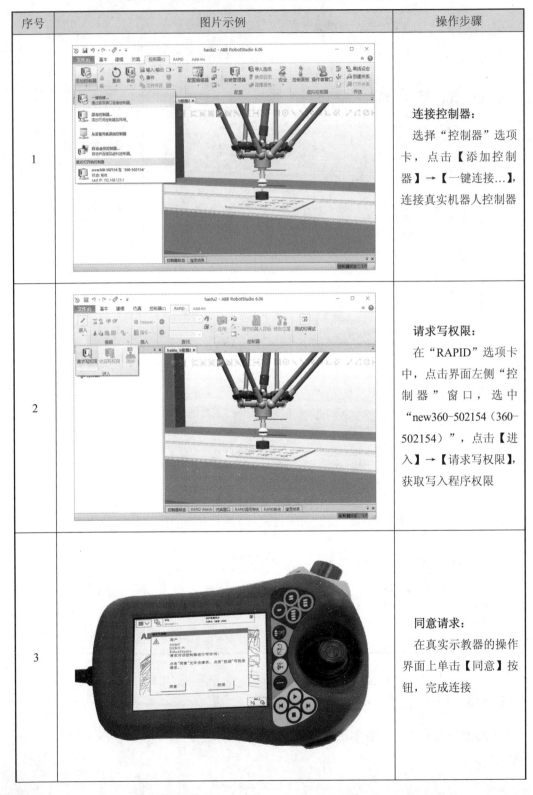	**连接控制器：**　选择"控制器"选项卡，点击【添加控制器】→【一键连接…】，连接真实机器人控制器
2		**请求写权限：**　在"RAPID"选项卡中，点击界面左侧"控制器"窗口，选中"new360-502154（360-502154）"，点击【进入】→【请求写权限】，获取写入程序权限
3		**同意请求：**　在真实示教器的操作界面上单击【同意】按钮，完成连接

续表 8.17

序号	图片示例	操作步骤
4	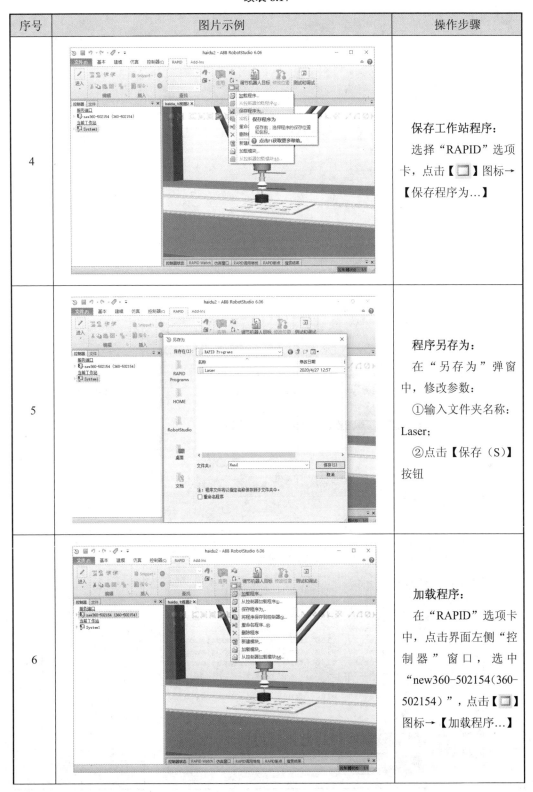	**保存工作站程序：** 选择"RAPID"选项卡，点击【□】图标→【保存程序为…】
5		**程序另存为：** 在"另存为"弹窗中，修改参数： ①输入文件夹名称：Laser； ②点击【保存（S）】按钮
6		**加载程序：** 在"RAPID"选项卡中，点击界面左侧"控制器"窗口，选中"new360-502154（360-502154）"，点击【□】图标→【加载程序…】

续表 8.17

序号	图片示例	操作步骤
7	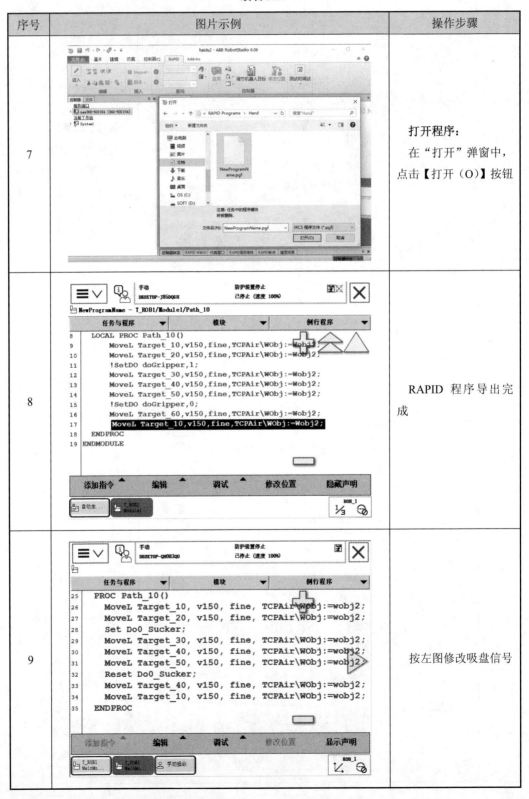	**打开程序：** 在"打开"弹窗中， 点击【打开（O）】按钮
8	见图	RAPID 程序导出完成
9	见图	按左图修改吸盘信号

序号 8 图片中程序内容：

```
8   LOCAL PROC Path_10()
9       MoveL Target_10,v150,fine,TCPAir\WObj:=Wobj2;
10      MoveL Target_20,v150,fine,TCPAir\WObj:=Wobj2;
11      !SetDO doGripper,1;
12      MoveL Target_30,v150,fine,TCPAir\WObj:=Wobj2;
13      MoveL Target_40,v150,fine,TCPAir\WObj:=Wobj2;
14      MoveL Target_50,v150,fine,TCPAir\WObj:=Wobj2;
15      !SetDO doGripper,0;
16      MoveL Target_60,v150,fine,TCPAir\WObj:=Wobj2;
17      MoveL Target_10,v150,fine,TCPAir\WObj:=Wobj2;
18  ENDPROC
19  ENDMODULE
```

序号 9 图片中程序内容：

```
25  PROC Path_10()
26      MoveL Target_10, v150, fine, TCPAir\WObj:=wobj2;
27      MoveL Target_20, v150, fine, TCPAir\WObj:=wobj2;
28      Set Do0_Sucker;
29      MoveL Target_30, v150, fine, TCPAir\WObj:=wobj2;
30      MoveL Target_40, v150, fine, TCPAir\WObj:=wobj2;
31      MoveL Target_50, v150, fine, TCPAir\WObj:=wobj2;
32      Reset Do0_Sucker;
33      MoveL Target_40, v150, fine, TCPAir\WObj:=wobj2;
34      MoveL Target_10, v150, fine, TCPAir\WObj:=wobj2;
35  ENDPROC
```

8.5　项目验证

8.5.1　效果验证

RAPID 程序导出后将示教器运行速度调至低速，观察机器人运行轨迹是否和预期的路径规划吻合，效果验证的操作步骤见表 8.18。

表 8.18　效果验证的操作步骤

序号	图片示例	操作步骤
1	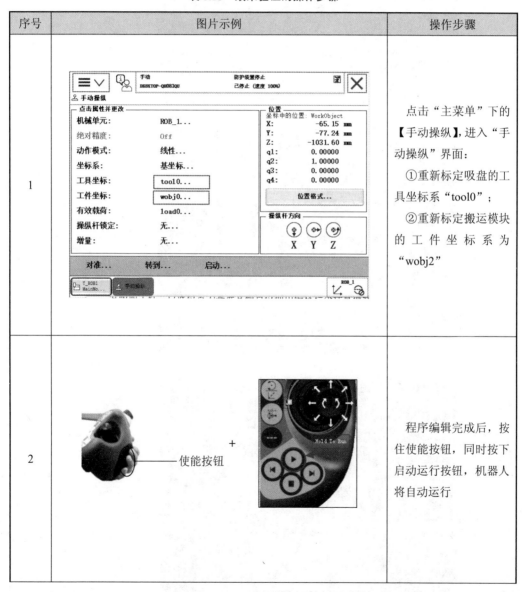	点击"主菜单"下的【手动操纵】，进入"手动操纵"界面： ①重新标定吸盘的工具坐标系"tool0"； ②重新标定搬运模块的工件坐标系为"wobj2"
2	使能按钮　＋	程序编辑完成后，按住使能按钮，同时按下启动运行按钮，机器人将自动运行

续表 8.18

序号	图片示例	操作步骤
3		到达安全点 P10
4		到达圆饼拾取点 P20
5		到达抬起点 P30

续表 8.18

序号	图片示例	操作步骤
6		到达圆饼过渡点 P40
7		到达圆饼放置点 P50
8		返回圆饼过渡点 P40

续表 8.18

序号	图片示例	操作步骤
9	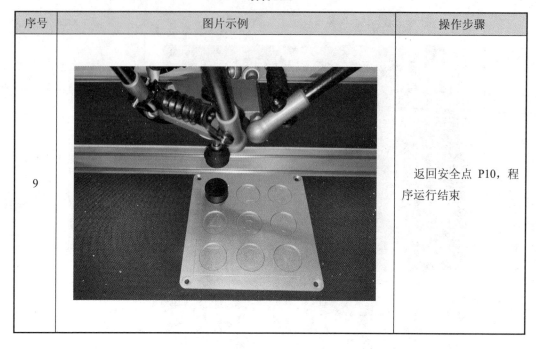	返回安全点 P10，程序运行结束

8.5.2　数据验证

已知搬运模块的相邻工位圆心距为 55 mm。程序运行完成后，可查看每一点的位置数据，通过点位信息也可验证程序的完整性和可行性，查看点位数据的操作步骤见表 8.19。

表 8.19　查看点位数据的操作步骤

序号	图片示例	操作步骤
1		点击"主菜单"下的【程序数据】，进入"数据类型"界面，点击"robtarget"

续表 8.19

序号	图片示例	操作步骤
2	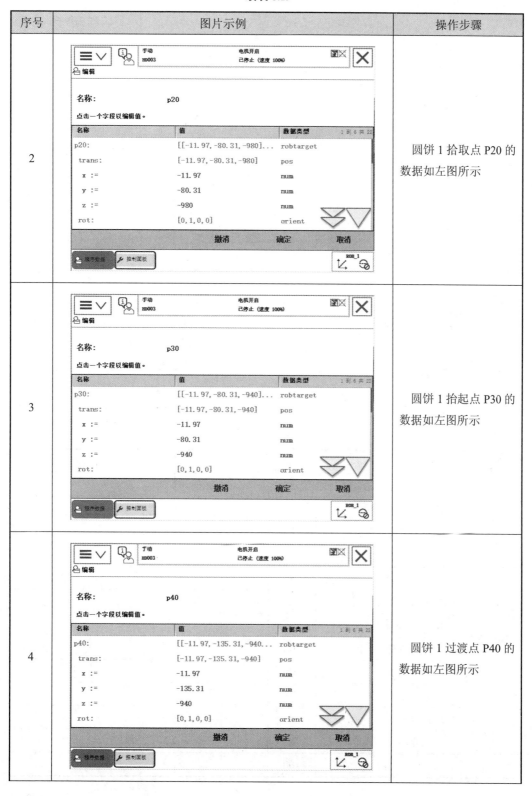	圆饼 1 拾取点 P20 的数据如左图所示
3		圆饼 1 抬起点 P30 的数据如左图所示
4		圆饼 1 过渡点 P40 的数据如左图所示

续表 8.19

序号	图片示例	操作步骤
5	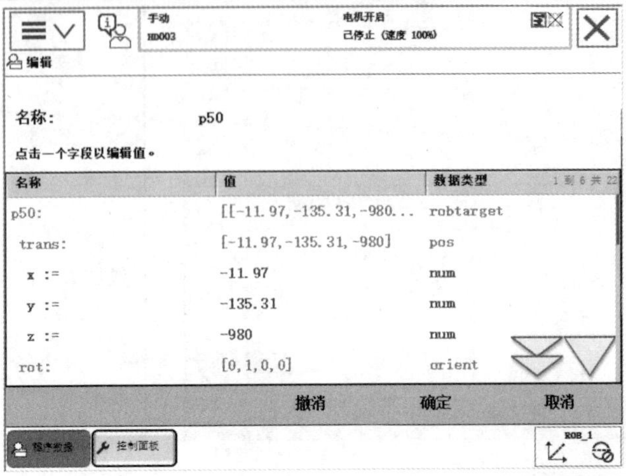	圆饼 1 放置点 P50 的数据如左图所示。在 Y 方向的数据与 P20 相差 55 mm，与搬运模块实际工位间距一致

8.6　项目总结

8.6.1　项目评价

填写表 8.20 所示的项目评价表。

表 8.20　项目评价表

项目指标		分值	自评	互评	评分说明
项目分析	1. 软件构架分析	5			
	2. 项目流程分析	5			
项目要点	1. 机器人工具创建	8			
	2. Smart 组件	8			
项目步骤	1. 模块安装	8			
	2. 坐标系创建	10			
	3. 组件添加	10			
	4. 路径创建	10			
	5. 在线仿真	10			
	6. 程序导出	10			
项目验证	1. 效果验证	8			
	2. 数据验证	8			
合计		100			

8.6.2　项目拓展

通过对本项目的学习，可以对项目进行以下的拓展。

拓展一：　结合第 6 章的内容，利用 Smart 组件功能完成九宫格码垛搬运功能。

拓展二：　设定工作站逻辑，利用 Smart 组件功能创建输送带物料搬运功能。

第9章 基于 **VisionPro** 的视觉定位项目

9.1 项目概况

9.1.1 项目背景

按照功能的不同，机器视觉系统应用可以分成 4 类：
定位、检测、测量和识别。其中，视觉定位作为视觉系统
中最基础且最常见的应用之一，通过非接触传感的方式确

※ 视觉基础编程项目介绍

定目标工件的位置和角度信息，再通过坐标系转换，将信息发送至外部执行单元，配合执
行单元完成精确抓取和装配的任务。视觉定位被广泛应用于半导体、汽车零部件、医疗等
行业领域。图 9.1（a）所示为半导体行业芯片定位；图 9.1（b）所示为机械加工行业零部
件定位。

（a）半导体行业芯片定位 　　　　　（b）机械加工行业零部件定位

图 9.1　视觉系统定位应用

9.1.2 项目目的

（1）掌握计算机与相机连接的方法。

（2）掌握工业相机坐标系标定的方法。

（3）掌握视觉软件 VisionPro 入门应用基础。

（4）掌握视觉软件 VisionPro 模板匹配工具的使用。

9.2　项目分析

9.2.1　项目构架

基于视觉技术的基础编程项目包括相机、镜头、PC、料盒等硬件，项目构架如图 9.2 所示。其中，PC 为载体（根据应用需求，在 PC 的视觉软件中编写视觉程序，并生成应用软件），料盒为作业对象，相机拍照获取料盒的位置信息完成视觉基础编程的训练。

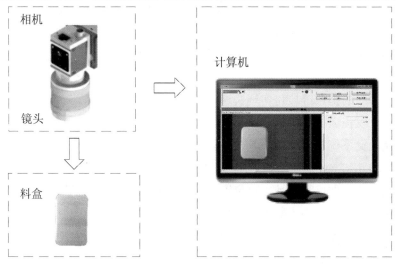

图 9.2　项目构架

9.2.2　项目流程

本项目的项目流程如图 9.3 所示。

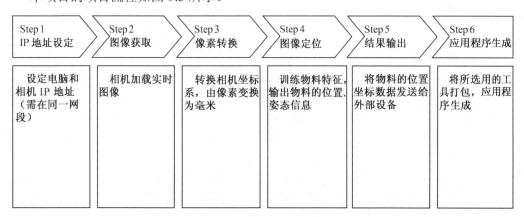

图 9.3　项目流程

9.3　项目要点

9.3.1　视觉软件

工业中常用的视觉软件包括 Halcon、VisionPro、NI Vision 等。本书以 VisionPro 视觉软件为例进行应用介绍。VisionPro 是美国康耐视公司开发的一套标准机器视觉算法软件，包含图像预处理、图像拼接、图像标定、视觉定位、结果分析等功能。该软件可以直接与各类型相机、采集卡相连并直接输出检测结果。VisionPro 提供强大的工具库，在其 QuickBuild 环境中无需任何代码编程，只需拖拽工具操作就可以完成检查文件的设置，检测结果输出，便于项目的快速开发。

VisionPro 广泛应用于半导体、3C 电子、汽车、食品饮料、新能源、医药等行业。主要功能特点有：

（1）工具之间的拖放链接可实现快速的数值、结果和图像通信。

（2）快速开发强大的基于 PC 的视觉应用。

（3）简化视觉系统与其他主控制程序的融合处理。

（4）通过 QuickStart 拖拽工具加速原型应用。

（5）工具智能软件可动态地定位位置工具，从而简化了工具设置。

（6）组和用户自定义的工具可重复使用，并缩短了应用开发的时间。

（7）经过专门设计，确保可充分利用现代多核设备提供的最大功能。

（8）支持典型的 Microsoft Windows 7/8/10 操作系统。

VisionPro 常用工具见表 9.1。

表 9.1　VisionPro 常用工具

名称	说明
CogImageFileTool	将获得的图像保存至文件或从文件中获取图像
CogCalibNPointToNPointTool	标定工具
CogPMAlignTool	模板匹配工具
CogFixtureTool	定位工具
CogDataAnalysisTool	数据分析工具
CogResultsAnalysisTool	结果分析工具
CogFindCircleTool	找圆工具
CogToolGroup	将多个工具组合成一个逻辑集合

9.3.2　相机标定

在图像测量过程以及机器视觉应用中，为确定空间物体表面某点的三维几何位置与其在图像中对应点之间的相互关系，必须建立相机成像的几何模型，这些几何模型的参数就是相机参数。在大多数条件下这些参数必须通过实验与计算才能得到，这个求解参数（内参、外参、畸变参数）的过程就称之为相机标定（或摄像机标定）。无论是在图像测量还是机器视觉应用中，相机参数的标定都是非常关键的环节，其标定结果的精度及算法的稳定性直接影响相机工作产生结果的准确性。因此，做好相机标定是做好后续工作的前提。

本章所使用的是基于 VisionPro 软件的九点手眼标定。相机本身是像素坐标系，机器人是空间坐标系，手眼标定就是得到像素坐标系和空间坐标系的坐标转化关系。在实际控制中，相机检测到工件在图像中的位置后，通过标定好的坐标转换矩阵将相机的像素坐标变换到机器人的世界坐标系中，然后根据机械手坐标系计算出对应轴如何运动，从而控制机器人到达预期位置。相机的像素坐标转换成机器人的工具坐标（TCP）流程如图 9.4 所示。

图 9.4　相机的像素坐标转换成机器人的工具坐标（TCP）流程

在标定过程中，需要使用标定板或标定纸，机器视觉系统通过拍摄带有固定间距图案阵列平板、经过标定算法的计算，可以得出几何模型，从而得到高精度的测量和重建结果。常见相机标定板种类有：棋盘格标定板和实心圆阵列标定板。棋盘格标定板如图 9.5（a）所示；实心圆阵列标定板如图 9.5（b）所示。

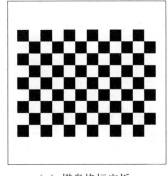

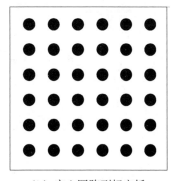

（a）棋盘格标定板　　　　　　　　　　　（b）实心圆阵列标定板

图 9.5　标定板示例

9.4　项目步骤

9.4.1　IP 地址设定

设定相机和计算机的 IP 地址保持在同一网段即可。IP 地址设定的作步骤见表 9.2。

※　视觉基础编程项目步骤

表 9.2　IP 地址设定的操作步骤

序号	图片示例	操作步骤
1	**Internet 协议版本 4 (TCP/IPv4) 属性**　× **常规** 如果网络支持此功能，则可以获取自动指派的 IP 设置。否则，你需要从网络系统管理员处获得适当的 IP 设置。 ○ 自动获得 IP 地址(O) ● 使用下面的 IP 地址(S)： IP 地址(I)：192 . 168 . 1 . 68 子网掩码(U)：255 . 255 . 255 . 0 默认网关(D)：　.　.　.	**计算机 IP 地址设定：** 进入计算机控制面板，在网络设置中修改参数： ①IP 地址： 192.168.1.68； ②子网掩码： 255.255.255.0
2	Cognex GigE Vision Configur...	**打开软件：** 点击"开始"菜单中的【Cognex】→【Cognex GigE Vision Configuration Tool】
3	Cognex GigE Vision Configuration Tool File　View　Help **Network Connections** 本地连接 DOWN 　192.168.1.66 本地连接 UP Camera Information Vendor：Basler Model：acA1300-60gc Serial：23036340 MAC：00-30-53-2E-54-B4 Host IP：192.168.1.67 Host subnet：255.255.255.0 Host subnet：192.168.1.0 Camera Network Properties IP address：192.168.1.66 Subnet：255.255.255.0 Subnet：192.168.1.0 Update Camera Address	**相机 IP 地址修改：** 点击"本地连接 DOWN"，修改参数： ①IP address： 192.168.1.66； ②Subnet： 255.255.255.0

注：确保计算机和相机的 IP 地址在同一网段即可。

9.4.2　图像获取

计算机连接相机成功后，打开 VisionPro 软件，使用 Image Source 工具获取物料图像。获取图像的操作步骤见表 9.3。

表 9.3　获取图像的操作步骤

序号	图片示例	操作步骤
1		**打开软件：** 双击桌面图标启动视觉软件 VisionPro(R)Quick Build
2		双击工具【Image Source】，打开设置对话框
3		选择 "**Image Source**" 窗口，修改参数： ①点击【照相机】按钮； ② "图片采集设备/图像采集卡" 选择 "GigE Vision：Basler：acA1300-60gc：23036340"； ③ "视频格式" 选择 "Generic GigEVision (Mono)"； ④点击【初始化取相】按钮

续表9.3

序号	图片示例	操作步骤
4	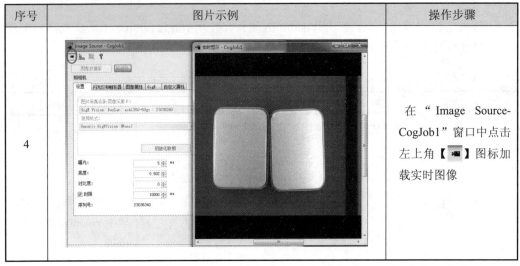	在"Image Source-CogJob1"窗口中点击左上角【　】图标加载实时图像

注：如果实时显示的图像较模糊，可调整相机的光圈与焦距；如果图像亮度不足，可适当增加曝光值。

9.4.3　像素转换

连接相机加载实时图像后，进行相机的坐标系标定，将图像的单位由像素转化为毫米。相机标定的操作步骤见表9.4。

表9.4　相机标定的操作步骤

序号	图片示例	操作步骤
1		获取标定板图像： ① 打开"Image Source-CogJob1"窗口，点击【　】图标； ②将标定板放入相机视野范围内； ③查看实时显示画面。 注：单位方格尺寸为10 mm×10 mm

续表 9.4

序号	图片示例	操作步骤
2	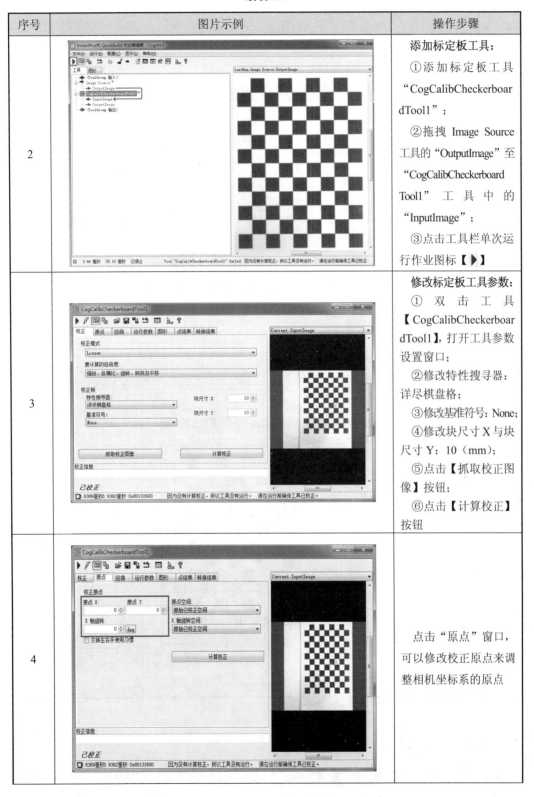	添加标定板工具： ①添加标定板工具"CogCalibCheckerboardTool1"； ②拖拽 Image Source 工具的"OutputImage"至"CogCalibCheckerboardTool1"工具中的"InputImage"； ③点击工具栏单次运行作业图标【▶】
3		修改标定板工具参数： ①双击工具【CogCalibCheckerboardTool1】，打开工具参数设置窗口； ②修改特性搜寻器：详尽棋盘格； ③修改基准符号：None； ④修改块尺寸 X 与块尺寸 Y：10（mm）； ⑤点击【抓取校正图像】按钮； ⑥点击【计算校正】按钮
4		点击"原点"窗口，可以修改校正原点来调整相机坐标系的原点

续表 9.4

序号	图片示例	操作步骤
5	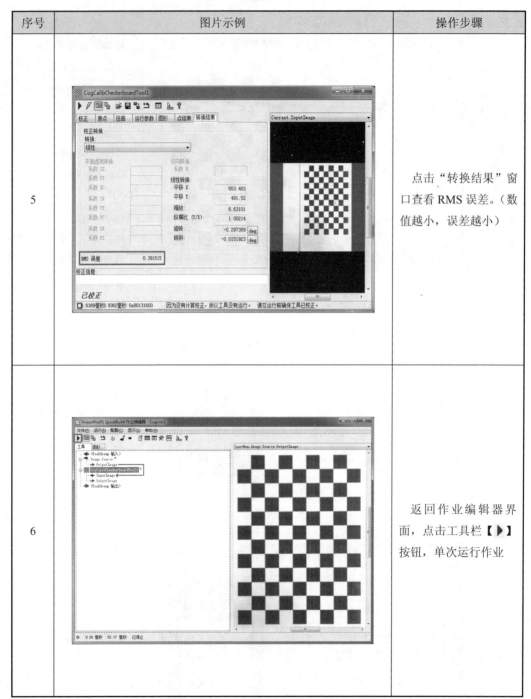	点击"转换结果"窗口查看 RMS 误差。（数值越小，误差越小）
6		返回作业编辑器界面，点击工具栏【▶】按钮，单次运行作业

9.4.4　图像定位

物料图像获取完成后，进行图像定位。图像定位的操作步骤见表 9.5。

表 9.5 图像定位的操作步骤

序号	图片示例	操作步骤
1	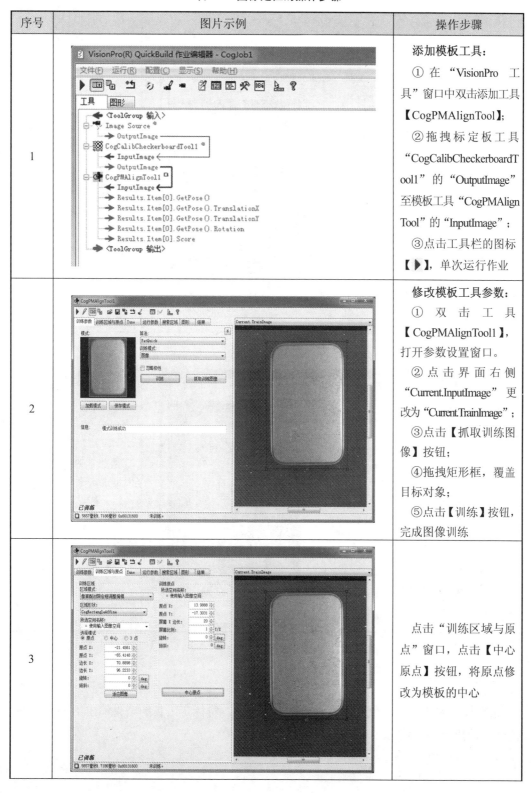	**添加模板工具：** ① 在 "VisionPro 工具" 窗口中双击添加工具【CogPMAlignTool】； ② 拖拽标定板工具 "CogCalibCheckerboardTool1" 的 "OutputImage" 至模板工具 "CogPMAlignTool" 的 "InputImage"； ③点击工具栏的图标【▶】，单次运行作业
2		**修改模板工具参数：** ① 双击工具【CogPMAlignTool1】，打开参数设置窗口。 ②点击界面右侧 "Current.InputImage" 更改为 "Current.TrainImage"； ③点击【抓取训练图像】按钮； ④拖拽矩形框，覆盖目标对象； ⑤点击【训练】按钮，完成图像训练
3		点击 "训练区域与原点" 窗口，点击【中心原点】按钮，将原点修改为模板的中心

续表 9.5

序号	图片示例	操作步骤
4	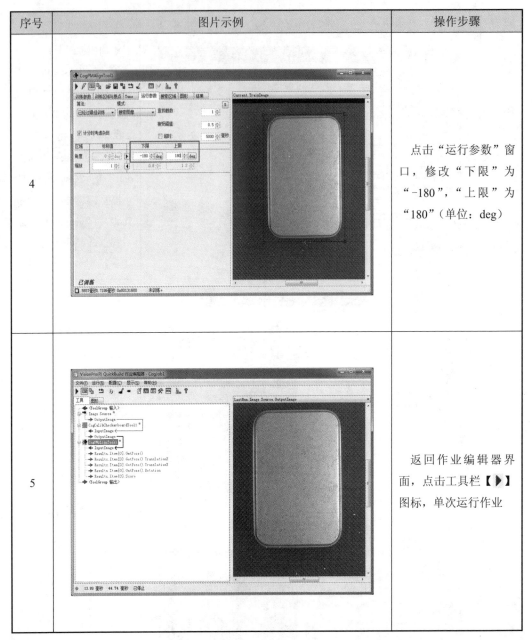	点击"运行参数"窗口，修改"下限"为"-180"，"上限"为"180"（单位：deg）
5		返回作业编辑器界面，点击工具栏【▶】图标，单次运行作业

9.4.5　结果输出

相机标定完成后，单位像素已成为转换为 mm，将标定工具的结果输出给外部设备。结果输出的操作步骤见表 9.6。

表 9.6　结果输出的操作步骤

序号	图片示例	操作步骤
1	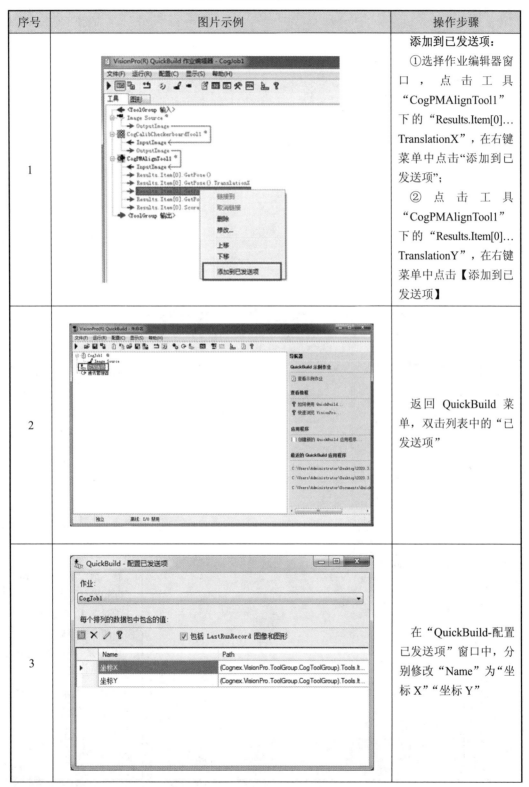	添加到已发送项： ①选择作业编辑器窗口，点击工具"CogPMAlignTool1"下的"Results.Item[0]…TranslationX"，在右键菜单中点击"添加到已发送项"； ②点击工具"CogPMAlignTool1"下的"Results.Item[0]…TranslationY"，在右键菜单中点击【添加到已发送项】
2		返回 QuickBuild 菜单，双击列表中的"已发送项"
3		在"QuickBuild-配置已发送项"窗口中，分别修改"Name"为"坐标 X""坐标 Y"

续表 9.6

序号	图片示例	操作步骤
4	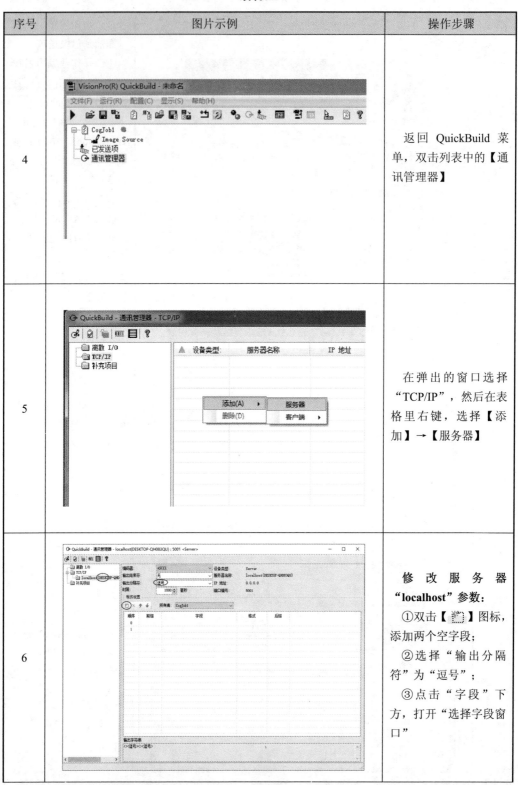	返回 QuickBuild 菜单，双击列表中的【通讯管理器】
5		在弹出的窗口选择"TCP/IP"，然后在表格里右键，选择【添加】→【服务器】
6		修改服务器"localhost"参数： ①双击【 】图标，添加两个空字段； ②选择"输出分隔符"为"逗号"； ③点击"字段"下方，打开"选择字段窗口"

续表 9.6

序号	图片示例	操作步骤
7	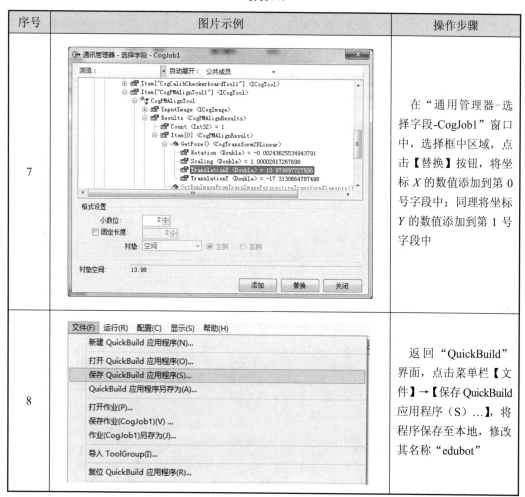	在"通用管理器-选择字段-CogJob1"窗口中,选择框中区域,点击【替换】按钮,将坐标 X 的数值添加到第 0 号字段中;同理将坐标 Y 的数值添加到第 1 号字段中
8	文件(F) 运行(R) 配置(C) 显示(S) 帮助(H) 新建 QuickBuild 应用程序(N)... 打开 QuickBuild 应用程序(O)... 保存 QuickBuild 应用程序(S)... QuickBuild 应用程序另存为(A)... 打开作业(P)... 保存作业(CogJob1)(V)... 作业(CogJob1)另存为(J)... 导入 ToolGroup(I)... 复位 QuickBuild 应用程序(R)...	返回"QuickBuild"界面,点击菜单栏【文件】→【保存 QuickBuild 应用程序(S)...】,将程序保存至本地,修改其名称"edubot"

9.4.6　应用程序生成

将所用工具打包,生成可直接在 Windows 系统下运行的应用程序。生成应用程序的操作步骤见表 9.7。

表 9.7　生成应用程序的操作步骤

序号	图片示例	操作步骤
1	VisionPro (R) Application Wizard	选择【开始菜单】→【Cognex】→【VisionPro】,点击【VisionPro (R) Application Wizard】图标

续表 9.7

序号	图片示例	操作步骤
2		点击【下一步】按钮开始应用程序向导
3		点击窗口左侧【选择 QuickBuild 项目】，加载已保存的程序文件"edubot.vpp"，点击【下一步】按钮
4		点击窗口左侧【应用程序名称】，在"名称"栏输入应用程序名称"海渡"，点击【下一步】按钮。（向导步骤中的"密码设置"和"QuickBuild 支持"不用设定）

续表 9.7

序号	图片示例	操作步骤
5		点击【▣】图标，选中【从已发布项中添加输出】，分别添加坐标 X 和坐标 Y 并修改其标题名称
6		点击窗口左侧【源代码语言】，选择"无源代码"
7		点击左侧窗口【生成您的应用程序】，点击【完成】，生成应用程序"海渡"

续表 **9.7**

序号	图片示例	操作步骤
8	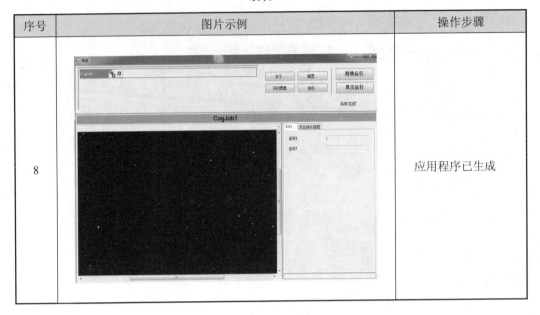	应用程序已生成

9.5　项目验证

9.5.1　效果验证

应用程序效果验证的操作步骤见表 9.8。

表 **9.8**　效果验证的操作步骤

序号	图片示例	操作步骤
1	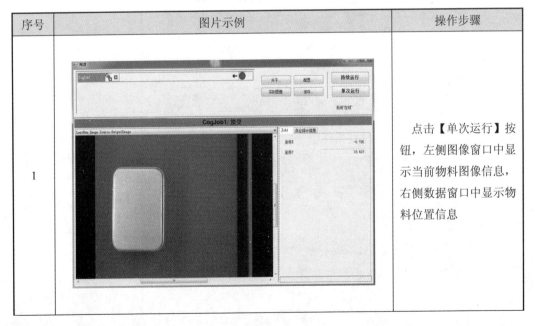	点击【单次运行】按钮，左侧图像窗口中显示当前物料图像信息，右侧数据窗口中显示物料位置信息

续表 9.8

序号	图片示例	操作步骤
2	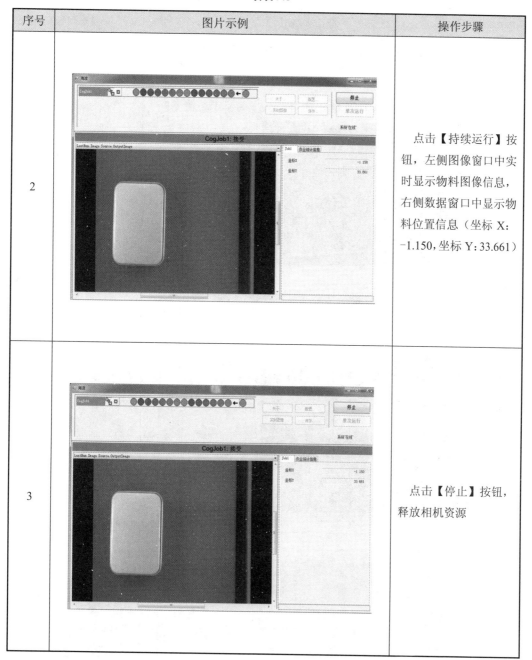	点击【持续运行】按钮，左侧图像窗口中实时显示物料图像信息，右侧数据窗口中显示物料位置信息（坐标 X：−1.150，坐标 Y：33.661）
3		点击【停止】按钮，释放相机资源

9.5.2 数据验证

为了验证数据的正确性以及通信状态，本节借助辅助软件，对视觉系统对外发送的数据进行本机通信验证。应用程序数据验证的操作步骤见表 9.9。.

表 9.9　数据验证的操作步骤

序号	图片示例	操作步骤
1	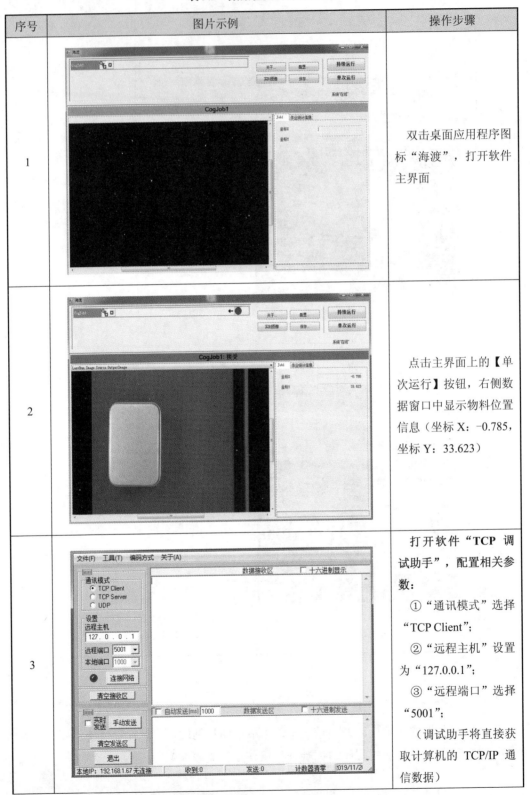	双击桌面应用程序图标"海渡",打开软件主界面
2		点击主界面上的【单次运行】按钮,右侧数据窗口中显示物料位置信息(坐标 X:-0.785,坐标 Y:33.623)
3		打开软件"TCP 调试助手",配置相关参数: ①"通讯模式"选择"TCP Client"; ②"远程主机"设置为"127.0.0.1"; ③"远程端口"选择"5001"; (调试助手将直接获取计算机的 TCP/IP 通信数据)

续表 9.9

序号	图片示例	操作步骤
4	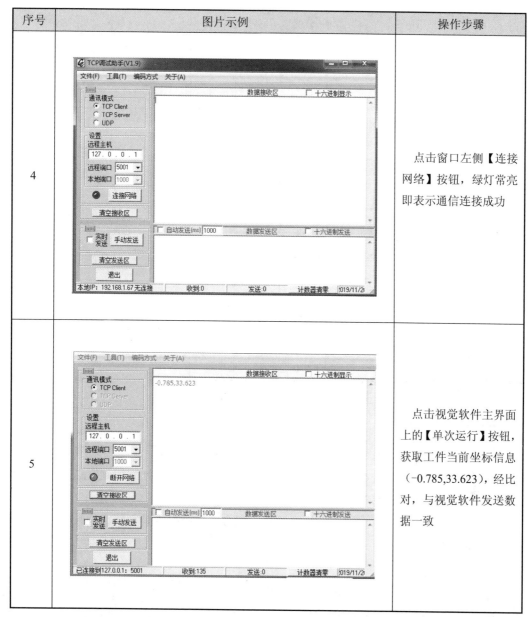	点击窗口左侧【连接网络】按钮，绿灯常亮即表示通信连接成功
5		点击视觉软件主界面上的【单次运行】按钮，获取工件当前坐标信息（-0.785,33.623），经比对，与视觉软件发送数据一致

9.6　项目总结

9.6.1　项目评价

填写表 9.10 所示的项目评价表。

表 **9.10** 项目评价表

项目指标		分值	自评	互评	评分说明
项目分析	1. 硬件构架分析	6			
	2. 软件构架分析	6			
	3. 项目流程分析	6			
项目要点	1. VisionPro 视觉软件	6			
	2. 相机标定	8			
项目步骤	1. IP 地址设定	8			
	2. 图像获取	8			
	3. 图像定位	8			
	4. 像素转换	10			
	5. 结果输出	8			
	6. 应用程序生成	10			
项目验证	1. 效果验证	10			
	2. 数据验证	6			
合计		100			

9.6.2 项目拓展

通过对本项目的学习，可以对项目进行以下的拓展。

拓展一：将定位工具 CogPMAlign 中的 Rotation（旋转）数据添加到发送项，利用该数据实现工件 Z 轴方向的旋转。

拓展二：使用卡尺工具实现工件长度测量，配合结果分析工具判断工件长度是否符合标准，并将结果输出。

第10章 基于机器人的视觉分拣项目

10.1 项目概况

10.1.1 项目背景

物料分拣是工业生产中的一个重要环节，分拣方式主要分为人工分拣和自动分拣。人工分拣方式是分拣的最初形态，因人工疲劳的问题和需要长时间作业，愈来愈无法满足现代化工厂生产节奏的需求，所以自动分拣方式应运

※ 物料分拣项目介绍

而生。目前，自动分拣方式多为机器视觉分拣，即在人工不干预或极少干预的情况下，由视觉系统判断物料的形状及位置、姿态信息，引导机器人抓取、放置。该技术将人力从单调、繁重、重复的分拣工作中解放出来，大幅度降低了企业的用人成本，在食品、物流、医疗等领域有着广泛的应用前景。其包装行业应用如图 10.1（a）所示，食品行业应用如图 10.1（b）所示。

（a）包装行业应用　　　　　　　　　　　　（b）食品行业应用

图 10.1　视觉分拣行业应用

10.1.2　项目目的

（1）掌握输送带编码器的校准方法。

（2）掌握输送带基坐标系的校准方法。

（3）掌握并联机器人视觉跟踪指令的使用方法。

10.2　项目分析

10.2.1　项目构架

机器人视觉系统包括相机与镜头、光源、传感器、图像处理软件及工业机器人系统，项目构架如图 10.2 所示。

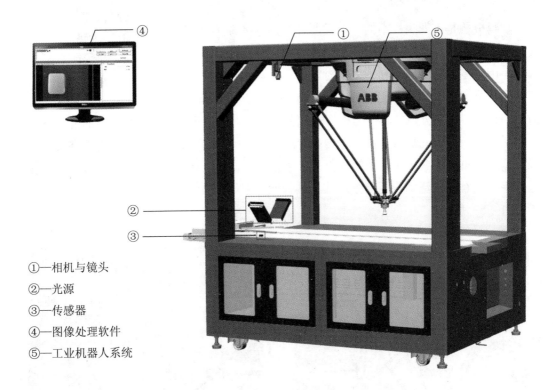

①—相机与镜头

②—光源

③—传感器

④—图像处理软件

⑤—工业机器人系统

图 10.2　项目构架

①相机与镜头——这部分属于成像器件，通常的视觉系统都是由一套或多套这样的成像器件组成。

②光源——作为辅助成像器件，对成像质量的好坏往往能起到至关重要的作用。

③传感器——通常以光电开关、接近开关等形式出现，用以判断被测对象的位置和状态。

④图像处理软件——即机器视觉软件，用来完成输入的图像数据的处理，然后通过一定的运算得出结果，这个输出的结果可能是 Pass/Fail 信号、位置坐标、字符串等。

⑤工业机器人系统——机器人作为视觉系统的主要执行单元，根据控制单元的指令及处理结果，完成对工件的定位、检测、识别、测量等操作。

10.2.2　项目流程

本项目的项目流程如图 10.3 所示。

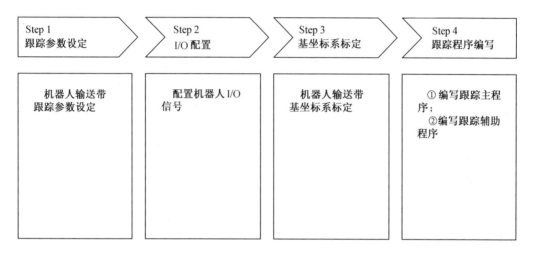

图 10.3　项目流程

10.3　项目要点

10.3.1　编码器

1. 器件选型

在 Delta 并联机器人动态视觉跟踪监测物料的过程中，需要使用编码器测量输送带的实时行进距离。编码器根据输送带的行进距离输出相应数量的脉冲，此脉冲数用以实现机器人与输送带的同步协调运动。根据 ABB IRB360 接口信号要求：编码器需为 PNP 信号输出的增量型编码器，输出相位相差 90 度的 A 相、B 相脉冲。编码器如图 10.4 所示。

对于编码器脉冲频率有以下要求：不管采用何种方式安装，只需保证输送带每运行 1 m 时，编码器输出的脉冲数在 1 250～2 500 之间。控制器内部采集 A 相、B 相上升沿和下降沿个数，一个周期内采集 4 个边沿信号，即当输送带每运行 1 m 时，控制器软件采集到的计算信号个数在 5 000～10 000 之间。信号个数少于 5 000 即会影响机器人跟踪精度，而多于 10 000 也不会提升机器人跟踪精度，输送带运行的最低速度为 4 mm/s，最高速度为 2 000 mm/s。

图 10.4　编码器

2. 方向校准

在输送带上放置一个产品，随后控制输送带运行。当产品通过传感器，触发机器人接收脉冲计数后，打开机器人示教器的手动操纵界面查看此时输送带的数值。如果显示的数据为正值，则编码器 A 相、B 相接线正确；如果显示的数据为负值，则需要在 DSQC377 跟踪板上将编码器的 A 相、B 相连接端子调换位置。

3. 硬件接线

ABB 机器人控制器跟踪板（DSQC377 跟踪板，如图 10.5 所示）提供输送线上编码器与传感器的接口和信号处理的功能。跟踪板包含 X3、X5 和 X20 三个接口，其中 X20 为编码器与传感器接口，X20 接口引脚定义见表 10.1。

X3—电源供给

X5—DeviceNet 总线连接端

X20—输送带跟踪连接端

图 10.5　DSQC377 跟踪板

表 10.1　X20 接口引脚定义

引脚编号	使用定义
1	24 V
2	0 V
3	编码器 1，24 V
4	编码器 1，0 V
5	编码器 1，A 相
6	编码器 1，B 相
7	数字输入信号 1，24 V
8	数字输入信号 1，0 V
9	数字输入信号 1，In1
10~16	未使用

10.3.2　视觉引导跟踪系统

视觉引导跟踪系统（Vision Guided Tracking，VGT）由机器人、相机、计算机、传感器和输送线等硬件组成。其中，输送线负责输送目标物体。当目标物体经过传感器时，相机开始采集和处理图像，计算机作为服务器向机器人控制器发送一些命令以及数据，而机器人作为客户端接收服务器发来的信息，并进行目标物体的精准抓取和放置。

一个典型的机器人视觉跟踪系统工作站（VGT 系统工作站）如图 10.6 所示。在该工作站中，EnterLimit 是机器人开始抓取的极限位置，在目标物体进入 EnterLimit 之前（如 1 号工件），机器人将不会对其进行抓取。如果有目标物体准备进入 EnterLimit，并且机器人 RAPID 程序已经执行至"GetTargets"指令（程序指针将会等待在"GetTargets"处），当目标物体进入 EnterLimit 范围后（如 2 号工件），程序指针会继续向下执行。ExitLimit 是机器人放弃抓取的极限，对于超出 ExitLimit 的目标（如 3 号工件），机器人将不会进行抓取。即如果 RAPID 程序在执行至"GetTargets"处时，目标已经超出 ExitLimit，则 RAPID 程序将不会继续执行。

注：EnterLimit（进入极限）与 ExitLimit（离开极限）的设置是通过"tuneData_CnvX"变量，其中 X 是输送线编号。例如，对于输送带 CNV1，需要通过 tuneData_Cnv1 来调节 EnterLimit 与 ExitLimit。

①—相机

②—机器人

③—输送线

④—EnterLimit（进入极限）

⑤—ExitLimit（离开极限）

⑥—输送线运行方向

A—1 号工件

B—2 号工件

C—3 号工件

图 10.6　VGT 系统工作站

10.4　项目步骤

10.4.1　跟踪参数设定

视觉引导跟踪系统中的常用跟踪参数见表 10.2。

✳　物料分拣项目步骤

表 10.2　常用跟踪参数

序号	名称	注释	说　明
1	CountsPerMeter	每米脉冲数	跟踪参数 CountsPerMeter 是指输送带每移动 1 m，编码器所记录的脉冲数，需要修改
2	QueueTrckDist	队列跟踪距离	从传感器到基坐标系原点之间的距离，其 Value 值默认为 0.0，不做修改
3	mini dist	跟踪最短距离	跟踪的最小范围，其 Value 默认为 −600，需要修改。
4	max dist	跟踪最长距离	跟踪的最大范围（取决于机器人的工作范围），其 Value 默认为 20 000，需要修改
5	StartWinWidth	启动窗口宽度	指基坐标系原点到某一特点的距离，其 Value 默认为 10.0，不做修改

1. 参数 CountsPerMeter

（1）参数 CountsPerMeter 的计算方法。

CountsPerMeter 值的计算方法见表 10.3。

表 10.3　CountsPerMeter 值的计算方法

参数名称	注释
CountsPerMeter	输送带每运行 1 m，控制器际采集到的脉冲信号个数
CountsPerMeter=10 000（示教器初始值）	
CountsPerMeter 计算公式如下：	
CountsPerMeter=（位置数据 1−位置数据 2）×10 000/实际测量数据	

（2）测量步骤。

①启动输送带，工件经过同步开关后停止输送带，记录示教器上"c1Position"（即"位置数据 2"的值），对输送带上的工件位置 1 进行标记。

②启动输送带，运行超过 1 m（测量距离越长，测算精度越高）后停止输送带，记录示教器上"c1Position"的值（即"位置数据 1"）。

③用卷尺测量"位置数据 1"到"位置数据 2"的距离（单位：m），利用表 10.3 的公式计算出 CountsPerMeter 的值。

（3）设定步骤。

跟踪参数 CountsPerMeter 设定的操作步骤见表 10.4。

表 10.4　跟踪参数 CountsPerMeter 设定的操作步骤

序号	图片示例	操作步骤
1		选择【控制面板】→【配置】→【主题】，选择【I/O】

续表 10.4

序号	图片示例	操作步骤
2	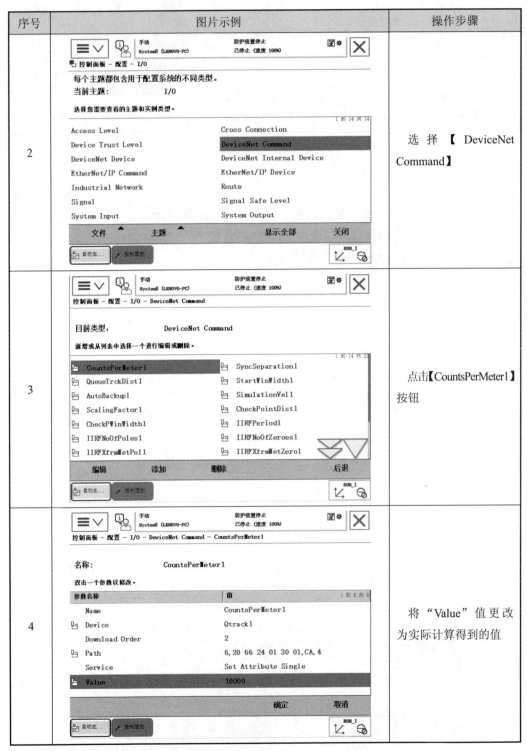	选择【DeviceNet Command】
3		点击【CountsPerMeter1】按钮
4		将"Value"值更改为实际计算得到的值

注：该参数在参数文件中以每脉冲毫米数的形式出现，但在示教器中转换为每米脉冲数，以便于理解和使用。

2. 参数 min dist 和 max dist

跟踪参数 min dist 和 max dist 数值设定的操作步骤见表 10.5。

表 10.5　跟踪参数 min dist 和 max dist 数值设定的操作步骤

序号	图片示例	操作步骤
1		选择【控制面板】→【配置】→【主题】，上拉列表中点击【Process】
2		选中"Conveyor systems"，点击【显示全部】按钮
3		选中"CNV1"，点击【编辑】按钮，进入"CNV1"参数界面

续表 10.5

序号	图片示例	操作步骤
4	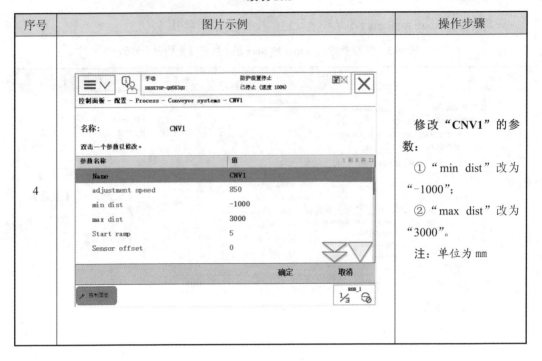	修改"CNV1"的参数： ①"min dist"改为"-1000"； ②"max dist"改为"3000"。 注：单位为 mm

10.4.2　I/O 配置

项目需要用到的部分 I/O 配置如图 10.7 所示，部分信号说明见表 10.6。

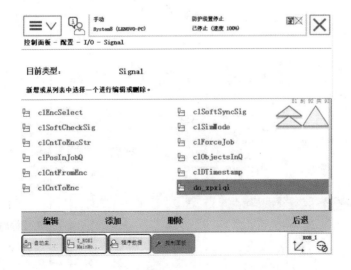

图 10.7　部分 I/O 配置

表 10.6　部分 I/O 信号说明

名称	类型	说　明
do_xpxiqi	数字输出	控制吸盘的开启与关闭
c1Connected	数字输入	表示工件已经被连接
c1DropWObj	数字输出	断开连接,功能与指令 Drop、WObj、Wobj、CNV 相同
c1ObjectslnQ	组输入	表示进入队列的工件个数,这些工件已通过同步开关但还未进入开始窗口
c1Rem1PObj	数字输出	剔除当前队列窗口中第一个进入队列窗口的工件
c1RemAllPObj	数字输出	清除当前队列窗口中所有的工件
c1PassStw	数字输入	工件未被连接即已通过了开始窗口
c1Position	模拟输入	显示当前第一个有效工件的位置
c1Speed	模拟输入	显示当前输送带的速度

10.4.3　基坐标系标定

输送带基坐标系是指机器人建立在输送带上的工件坐标系。为了定位输送带表面目标工件的位置信息,需准确地建立输送带基坐标系,输送带基坐标系的校准会直接影响到输送带的跟踪精度。ABB 机器人采用四点法来校准输送带基坐标系,即当输送带与机器人连接后,通过运行输送带,将其表面已被跟踪的物体运行至四个不同位置,在每个位置控制机器人的 TCP 依次到达物体的同一特征点,并将各点的位置数据记录在示教器中。

基坐标系校准之前需要正确设置一个工件坐标系:wobjCNV1。

1. 坐标系创建

坐标系创建的操作步骤见表 10.7。

表 10.7　坐标系创建的操作步骤

序号	图片示例	操作步骤
1		确认当前工具坐标系和工件坐标系,选择"工具坐标"为"tool1"

续表 **10.7**

序号	图片示例	操作步骤
2	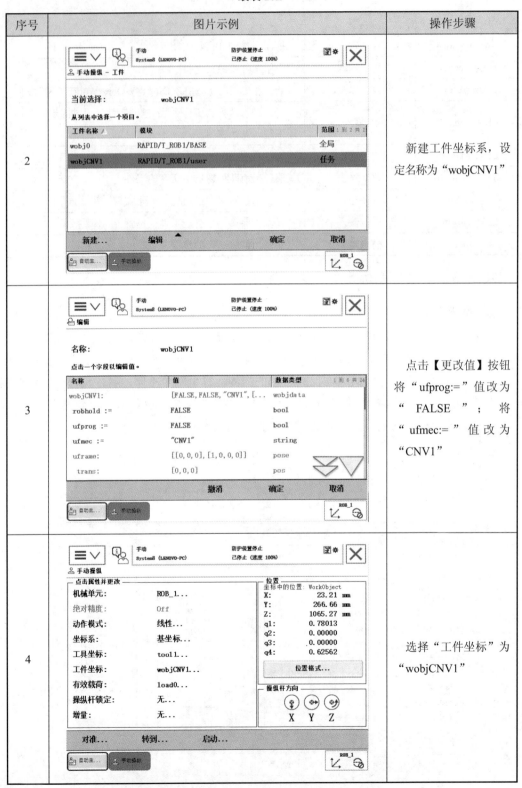	新建工件坐标系，设定名称为"wobjCNV1"
3		点击【更改值】按钮将"ufprog:="值改为"FALSE"；将"ufmec:="值改为"CNV1"
4		选择"工件坐标"为"wobjCNV1"

2. 坐标系校准

输送带基坐标系校准示意图如图 10.8 所示，坐标系校准具体操作步骤见表 10.8。

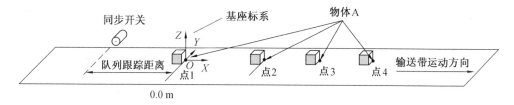

图 10.8 输送带基坐标系校准示意图

表 10.8 坐标系校准

序号	图片示例	操作步骤
1	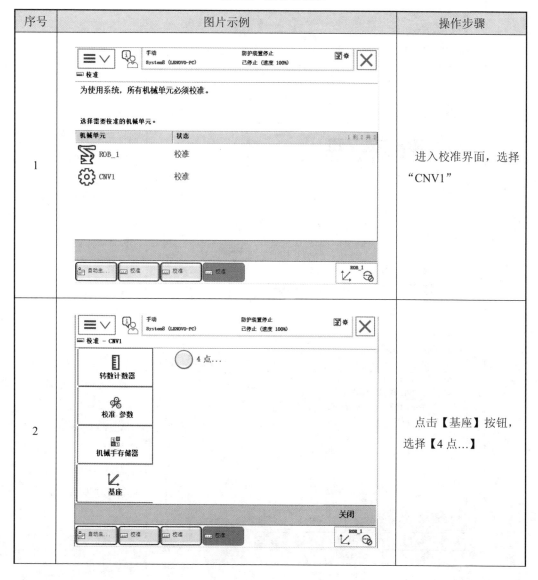	进入校准界面，选择"CNV1"
2		点击【基座】按钮，选择【4 点…】

续表 10.8

序号	图片示例	操作步骤
3	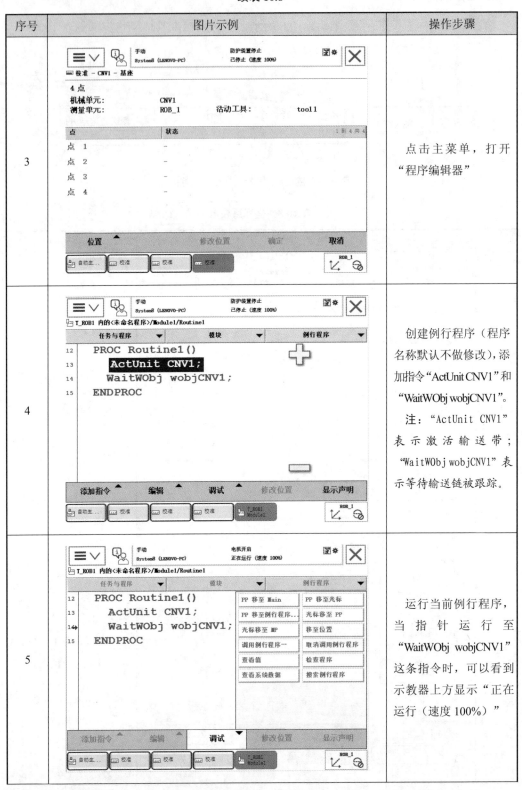	点击主菜单，打开"程序编辑器"
4		创建例行程序（程序名称默认不做修改），添加指令"ActUnit CNV1"和"WaitWObj wobjCNV1"。注："ActUnit CNV1"表示激活输送带；"WaitWObj wobjCNV1"表示等待输送链被跟踪。
5		运行当前例行程序，当指针运行至"WaitWObj wobjCNV1"这条指令时，可以看到示教器上方显示"正在运行（速度100%）"

续表 10.8

序号	图片示例	操作步骤
6	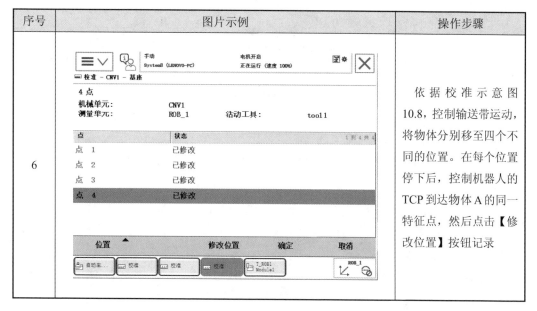	依据校准示意图 10.8，控制输送带运动，将物体分别移至四个不同的位置。在每个位置停下后，控制机器人的 TCP 到达物体 A 的同一特征点，然后点击【修改位置】按钮记录

10.4.4　跟踪程序编写

创建程序模块 MainModule 并在模块下新建例行程序：Client()、Init()、main()和 pPicker()，如图 10.9 所示。

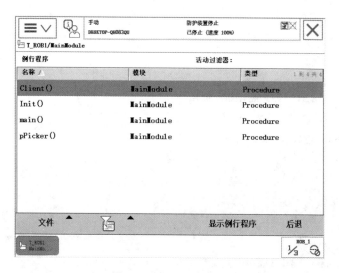

图 10.9　例行程序创建

（1）Client()程序。

Client()程序为通信程序，通过 Socket 通信将数据发送给机器人。程序包含 Socket 通信、数据处理等指令，部分指令说明见表 10.9。

表 10.9　Client()程序部分指令

序号	指令	说　　　　明
1	SocketCreate	创建用于 Socket 通信的套接字
2	SocketConnect	用于将套接字与远程计算机相连
3	SocketReceive	用于接收来自远程计算机的数据
4	StrFind	搜索字符串中的一个字符
5	StrPart	寻找一部分字符串

代码如下：

```
PROC Client()
    VAR NUM StartBit1;
    VAR NUM ENDBit1;
    VAR NUM LenBit1;
    VAR NUM StartBit2;
    VAR NUM ENDBit2;
    VAR NUM LenBit2;
    VAR NUM X;
    VAR NUM Y;
    VAR string rcv_data;
    VAR socketdev socket1;
    !创建用于 socket 通信的套接字
    SocketCreate socket1;
    !连接服务器（电脑的 IP 地址为 192.168.1.100，端口号为 5001）
    SocketConnect socket1,"192.168.1.100",5001;
    !接收来自服务器的数据（数据类型为字符串）
    SocketReceive socket1\Str:= rcv_data;
    !等待 1.5s
    WaitTime 1.5;
    !设定坐标 X 数据的开始位为 1
    StartBit1:=1;
    !搜索数据中的分隔符","
    EndBit1:=StrFind(rcv_data,StartBit1,",");
    !坐标 X 数据的长度即为停止位减去开始位
    LenBit1:=ENDBit1-StartBit1;
    !设定坐标 Y 数据的开始位为坐标 X 数据的停止位加 1
    StartBit2:=ENDBit1+1;
    !搜索数据中的分隔符","
```

```
ENDBit2:=StrFind(rcv_data,StartBit2,",");
!坐标 Y 数据的长度即为停止位减去开始位
LenBit2:=Endbit2-StartBit2;
!将数据拆分
X:=StrPart(rcv_data,StartBit1,Lenbit1);
Y:=strpart(rcv_data,StartBit2,Lenbit2);
!关闭用于连接的 socket
SocketClose socket1;
ENDPROC
```

（2）Init()程序。

Init()程序为初始化程序，主要进行复位 I/O 信号与输送链上工件对象。程序包含外轴激活、输入输出等指令，部分指令说明见表 10.10。

表 10.10　Init()程序部分指令

序号	指令	说　　明
1	ActUnit	激活输送带装置，用于启动对输送带的运行位置监视
2	DropUnit	关闭输送带装置，用于停止对实时的运行位置监视
3	WaitWobj	等待与输送带表面的工件建立连接，以用于动态跟踪物料位置
4	DropWobj	断开与输送带表面工件的连接

代码如下：

```
PROC Init ()
    !移动至安全位置
    MoveJ p50, speed1, z80, tool0;
    !等待工件连断开
    DropWObj wobjCnv1;
    !激活输送链
    ActUnit CNV1;
    !断开输送链连接
    WaitWObj wobjCnv1;
    !设定进入区域与离开区域
    SetupWorkArea 1,tuneData_Cnv1.EnterLimit,tuneData_Cnv1.ExitLimit;
    !复位吸盘信号
    Reset do_xpxiqi;
ENDPROC
```

注：使用 DropWobj 指令时需注意，禁止断开正在跟踪中的输送带连接。

（3）main()程序编写。

main()程序为机器人主程序，包含机器人例行程序调用、程序流程等指令，部分指令说明见表 10.11。

表 10.11　main()程序部分指令

序号	指令	说　　　明
1	ProcCall	调用例行程序
2	IF	当满足不同的条件时，执行对应的程序
3	GOTO	跳转到例行程序内标签的位置
4	PulseDo Do_signal	输出一个脉冲，长度不能小于 0.01 s
5	WHILE	条件判断循环执行
6	SingArea\Off	关闭方位调整，不允许位置点数值发生改变

代码如下：

```
PROC main()
    !调用初始化程序
    Init;
    Client;
    !循环
    WHILE TRUE DO
      !调用 pPicker 程序
      pPicker;
        IF di03_stop = 1 THEN
          !跳转到 A
          GOTO A;
        ENDIF
    ENDWHILE
    A:
    !回到安全位置
    MoveL p50, speed1, z80, tool0;
    !关闭轴配置
    ConfL\Off;
    !关闭位置方位调整
    SingArea\Off;
ENDPROC
```

（4）pPicker()程序。

pPicker()程序为抓取程序，机器人抓取进入其工作区域中的工件。程序包含外轴监控、运动控制等指令，部分指令说明见表 10.12。

表 10.12　pPicker()程序部分指令

序号	指令	说　　明
1	SingArea\Wrist	启用方位调整，机器人运动时，为了避开奇异点，允许位置点数值有微小的改动
2	TriggL	带触发事件的直线运动
3	ConfL	开启/关闭轴监控，输送带位置监测作为工业机器人的外部扩展轴，对其进行使能/停止监控

代码如下：

```
PROC pPicker()
    !移动至抓取点上方(X、Y分别为视觉相机发出的坐标X、坐标Y)
    MoveL Offs(PickPoint,X,Y,50), speed1, z100, tooll0\WObj:=WobjCNV1;
    !移动至抓取点
    MoveL Offs(PickPoint,X,Y,0), speed1, z100, tooll0\WObj:=WobjCNV1;
    !移动至抓取点
    Set do_xpxiqi;
    !关闭轴配置
    ConfL\Off;
    !开启位置方位调整
    SingArea\Wrist;
    !移动至放置点上方
    MoveL Offs(P30,0,0,50), speed1, z100, tool0\WObj:=wobj0;
    !移动至放置点
    MoveL p30, speed1, fine, tool0\WObj:=wobj0;
    !关闭吸盘
    Reset do_xpxiqi;
    !延时 0.2s
    WaitTime 0.2;
    !移动至放置点上方
    MoveL Offs(P30,0,0,50), speed1, z100, tool0;
ENDPROC
```

10.5　项目验证

10.5.1　效果验证

基于机器人视觉的物料分拣项目效果验证的操作步骤见表 10.13。

表 10.13　效果验证的操作步骤

序号	图片示例	操作步骤
1		开启输送带，等待物料进入相机工作区域
2		物料进入相机工作区域，通过光电对射传感器信号触发相机拍照

续表 10.13

序号	图片示例	操作步骤
3		机器人处于安全位置，等待物料的位置信息
4		物料进入机器人工作区域，机器执行抓取动作
5		机器人抓取完成后，放置物料到另一输送带固定位置

续表 10.13

序号	图片示例	操作步骤
6	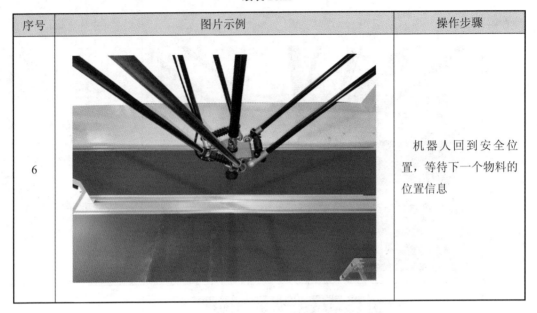	机器人回到安全位置，等待下一个物料的位置信息

10.5.2 数据验证

第一步：相机采集数据后，经过计算机视觉软件处理，获取合格物料的状态信息（包括 X、Y 坐标，数量等），并将处理后的数据（物料坐标信息：−1.150，33.661，如图 10.10 所示）发送给下位机（IRB 360 机器人），引导其定位抓取。

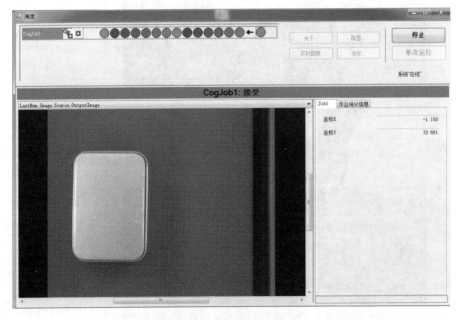

图 10.10 物料坐标信息

　　第二步：机器人获取合格物料的位置信息，将信息显示在示教器用户日志窗口后执行物料分拣抓取。可以发现，视觉检测数据和机器人执行分拣抓取的位置数据是一致的，如图 10.11 所示。

图 10.11　机器人获取合格物料的位置信息

10.6　项目总结

10.6.1　项目评价

填写表 10.14 所示的项目评价表。

表 **10.14**　项目评价表

	项目指标	分值	自评	互评	评分说明
项目分析	1. 硬件构架分析	8			
	2. 软件构架分析	8			
	3. 项目流程分析	8			
项目要点	1. 编码器	8			
	2. 视觉引导跟踪系统	10			
项目步骤	1. 跟踪参数设定	10			
	2. I/O 配置	8			
	3. 基坐标系标定	10			
	4. 跟踪程序编写	10			
项目验证	1. 效果验证	10			
	2. 数据验证	10			
合计		100			

10.6.2　项目拓展

通过对本项目的学习，可以对以下项目进行拓展。

拓展一：输送带来料无序，使用视觉软件中的模板匹配工具计算出物料位置及角度，机器人末端旋转将物料以正确姿态放置在相邻输送带上。

拓展二：利用光电传感器跟踪抓取，投放物料处于同一位置，当物料通过光电传感器时，触发机器人跟踪抓取，抓取物料放置于相邻输送带。

参 考 文 献

[1] 陈兵旗. 机器视觉技术及应用实例详解[M]. 北京：化学工业出版社，2018.

[2] 冈萨雷斯. 数字图像处理[M]. 阮秋琦，译. 3 版. 北京：电子工业出版社，2017.

[3] 王亮，蒋欣兰. 机器视觉[M]. 北京：中国青年出版社，2014.

[4] 张明文. 工业机器人技术人才培养方案[M]. 哈尔滨：哈尔滨工业大学出版社，2017.

[5] 张明文. 智能视觉技术应用初级教程（信捷）[M]. 哈尔滨：哈尔滨工业大学出版社，2020.

[6] 张明文. 工业机器人入门使用教程（ABB 机器人）[M]. 哈尔滨：哈尔滨工业大学出版社，2018.

[7] 张明文. 工业机器人视觉技术及应用[M]. 哈尔滨：哈尔滨工业大学出版社，2019.

[8] 张广军. 机器视觉[M]. 北京：科学出版社，2005.

先进制造业学习平台

先进制造业职业技能学习平台
工业机器人教育网（www.irobot-edu.com）

先进制造业互动教学平台
海渡职校APP

一键下载
收入口袋

专业的教育平台	先进制造业垂直领域在线教育平台
更轻的学习方式	随时随地、无门槛实时线上学习
全维度学习体验	理论加实操，线上线下无缝对接
更快的成长路径	与百万工程师在线一起学习交流

领取专享积分

下载"海渡职校APP"，进入"学问"—"圈子"，
晒出您与本书的合影或学习心得，即可领取超额积分。

积分兑换

专家课程

实体书籍

实物周边

线下实操

步骤一

登录"工业机器人教育网"

www.irobot-edu.com，菜单栏单击【职校】

步骤二

单击菜单栏【在线学堂】下方找到您需要的课程

步骤三

课程内视频下方单击【课件下载】

教学课件下载步骤

咨询与反馈

尊敬的读者：

感谢您选用我们的教材！

本书有丰富的配套教学资源，在使用过程中，如有任何疑问或建议，可通过邮件（edubot@hitrobotgroup.com）或扫描右侧二维码，在线提交咨询信息。

全国服务热线：400-6688-955

（教学资源建议反馈表）

先进制造业人才培养丛书

■ 工业机器人

教材名称	主编	出版社
工业机器人技术人才培养方案	张明文	哈尔滨工业大学出版社
工业机器人基础与应用	张明文	机械工业出版社
工业机器人技术基础及应用	张明文	哈尔滨工业大学出版社
工业机器人专业英语	张明文	华中科技大学出版社
工业机器人入门实用教程(ABB机器人)	张明文	哈尔滨工业大学出版社
工业机器人入门实用教程(FANUC机器人)	张明文	哈尔滨工业大学出版社
工业机器人入门实用教程(汇川机器人)	张明文、韩国震	哈尔滨工业大学出版社
工业机器人入门实用教程(ESTUN机器人)	张明文	华中科技大学出版社
工业机器人入门实用教程(SCARA机器人)	张明文、于振中	哈尔滨工业大学出版社
工业机器人入门实用教程(珞石机器人)	张明文、曹华	化学工业出版社
工业机器人入门实用教程(YASKAWA机器人)	张明文	哈尔滨工业大学出版社
工业机器人入门实用教程(KUKA机器人)	张明文	哈尔滨工业大学出版社
工业机器人入门实用教程(EFORT机器人)	张明文	华中科技大学出版社
工业机器人入门实用教程(COMAU机器人)	张明文	哈尔滨工业大学出版社
工业机器人入门实用教程(配天机器人)	张明文、索利洋	哈尔滨工业大学出版社
工业机器人知识要点解析(ABB机器人)	张明文	哈尔滨工业大学出版社
工业机器人知识要点解析(FANUC机器人)	张明文	机械工业出版社
工业机器人编程及操作(ABB机器人)	张明文	哈尔滨工业大学出版社
工业机器人编程操作(ABB机器人)	张明文、于霜	人民邮电出版社
工业机器人编程操作(FANUC机器人)	张明文	人民邮电出版社
工业机器人编程基础(KUKA机器人)	张明文、张宋文、付化举	哈尔滨工业大学出版社
工业机器人离线编程	张明文	华中科技大学出版社
工业机器人离线编程与仿真(FANUC机器人)	张明文	人民邮电出版社
工业机器人原理及应用(DELTA并联机器人)	张明文、于振中	哈尔滨工业大学出版社
工业机器人视觉技术及应用	张明文、王璐欢	人民邮电出版社
智能机器人高级编程及应用(ABB机器人)	张明文、王璐欢	机械工业出版社
工业机器人运动控制技术	张明文、于霜	机械工业出版社
工业机器人系统技术应用	张明文、顾三鸿	哈尔滨工业大学出版社
机器人系统集成技术应用	张明文 何定阳	哈尔滨工业大学出版社
工业机器人与视觉技术应用初级教程	张明文 何定阳	哈尔滨工业大学出版社

■ 智能制造

教材名称	主编	出版社
智能制造与机器人应用技术	张明文、王璐欢	机械工业出版社
智能控制技术专业英语	张明文、王璐欢	机械工业出版社
智能制造技术及应用教程	谢力志、张明文	哈尔滨工业大学出版社
智能运动控制技术应用初级教程(翠欧)	张明文	哈尔滨工业大学出版社
智能协作机器人入门实用教程(优傲机器人)	张明文、王璐欢	机械工业出版社
智能协作机器人技术应用初级教程(遨博)	张明文	哈尔滨工业大学出版社
智能移动机器人技术应用初级教程(博众)	张明文	哈尔滨工业大学出版社
智能制造与机电一体化技术应用初级教程	张明文	哈尔滨工业大学出版社
PLC编程技术应用初级教程(西门子)	张明文	哈尔滨工业大学出版社

教材名称	主编	出版社
智能视觉技术应用初级教程(信捷)	张明文	哈尔滨工业大学出版社
智能制造与PLC技术应用初级教程	张明文	哈尔滨工业大学出版社

■工业互联网

教材名称	主编	出版社
工业互联网人才培养方案	张明文、高文婷	哈尔滨工业大学出版社
工业互联网与机器人技术应用初级教程	张明文	哈尔滨工业大学出版社
工业互联网智能网关技术应用初级教程(西门子)	张明文	哈尔滨工业大学出版社
工业互联网数字孪生技术应用初级教程	张明文、高文婷	哈尔滨工业大学出版社

■人工智能

教材名称	主编	出版社
人工智能人才培养方案	张明文	哈尔滨工业大学出版社
人工智能技术应用初级教程	张明文	哈尔滨工业大学出版社
人工智能与机器人技术应用初级教程(e.Do教育机器人)	张明文	哈尔滨工业大学出版社